U0352647

唤醒大脑的科学魔法秀

【英】托马斯·卡纳/著

旦旦译社/译

中国国际广播出版社

目录 Contents

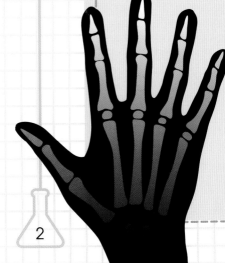

**开心地玩
注意
安全哟**

你会在本书中看到，可以在家里安全操作的各式各样、妙趣横生的科学魔法秀。几乎所有的实验用品都能在自己家里找到；即便家里没有，也可就近在商店里买到。

如果需要大人的帮助，我们在"小贴士"里给出了一些建议。依据实验的不同和孩子的年龄，会有不同程度的成人监管建议，尤其是涉及厨房用品、尖锐物品、电力设备和电池的实验，大人更需密切注意。

尝试书中实验过程中可能出现的伤害、损坏和混乱，出版社和作者概不负责。你表演这些科学魔法之前一定要告诉大人，并细心遵循书中指示。

第一章

看不见的手——力

倒不出来的水

有许多表演看起来简直像魔术，其实可以用最基本的科学原理加以解释。因此有些最棒的科学实验，看起来就像玩魔术一样。比如这个实验，如果你把它表演给别人看，肯定会听到"哇""噢"的惊叹声。为什么呢？因为你好像在公然违抗地心引力！

准备材料

- 1 个玻璃杯（最好不用塑料杯）
- 水和果汁
- 1 张比杯口大的卡纸
- 1 个水槽

1 在玻璃杯中倒入少量果汁，然后加水至玻璃杯的三分之二处。

2 把玻璃杯放在桌子上，然后用卡纸盖住杯口，并确认卡纸已把杯口完全盖住。

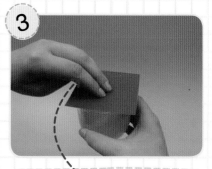

3 用一只手拿稳杯子，用另一只手按住卡纸。

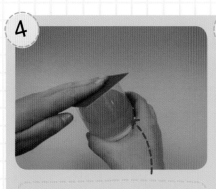

4 一直按住卡纸，迅速将杯子翻转。

5 拿稳杯子，两只手保持不动。这会让观众觉得里面的液体随时会洒出来。

6 继续拿住杯子，放开那只托着卡纸的手。水不会洒出来，因为卡纸不会掉！

空气每时每刻都从各个方向压着我们，这叫气压。把玻璃杯翻转过来，你就改变了气体对水的施压方式。地心引力把水往下拉，而杯子里的空气就占据了水留下的空间，同样多的空气现在占了更多的空间，这就意味着，它的压力变小了。杯内压着水向下的气压比杯外压着卡纸向上的气压小……所以，玻璃杯里的水就留在那里，不会洒出来！

魔术背后的奥秘

小贴士！

虽然这个实验非常可靠，但是以防万一，表演的时候，最好下面有水槽。

如果这样会怎样？

如果你有足够的时间，并且你的水槽足够大，你可以用装有不同液体的玻璃杯和不同型号的纸来尝试这个实验，你还可以看看气压能提供的"魔力"是否存在最高极限。

身边的科学

每次呼吸时，你都在利用周围空气的压力。你下胸部的肌肉，膈肌，在你吸气时收缩，使胸部有更多的空间。胸部的额外空间降低了胸腔内的气压……外面的空气在正常气压压迫下冲进胸腔，这样，你就完成了吸气这一动作。

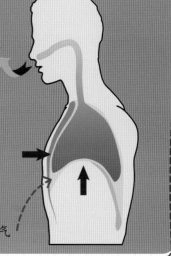

吸气　　　　　　　　呼气

掉不下来的叉子

准备材料

- 2 个相同的金属叉
- 2 根牙签
- 带孔的盐罐子

你的平衡感怎么样？下面是关于平衡感的科学魔法。
叉子好像可以悬浮在空中，不会掉下来。

1

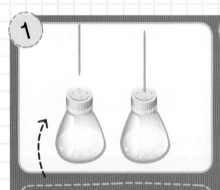

把一根牙签插在盐罐子的小孔中，让它立稳，像一个旗杆。把叉子横着拿，弯的地方互相对着。

2

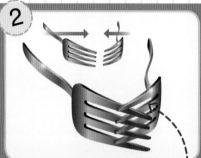

使劲推让叉子卡在一起，组成"X"形，这样就可以在交叉的叉尖下让这个组合在你的手指上平衡。

3

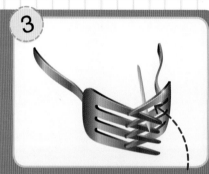

把另一根牙签从第一个叉子和第二个叉子的第一格里穿过。

4

你应该可以使它平衡在你的手指上。

5

小心地把第二根牙签的尖头放置在第一根牙签顶上。松开手后，整个组合就会靠两个尖头平衡起来。看上去真是不可思议！

魔术背后的奥秘

当然，这个奇妙的展示并没有像它看起来那么不可思议。它靠的是质心——物体的中点，质心两边的质量相等。在这个实验中，质心在插入叉子中的那根牙签的顶端。相等的质量从四面八方压来，保持了它的平衡。连地心引力都汇聚在了这个点上，这就是质心被称为重心的原因。

小贴士！

把叉子放在桌子上更容易把它们交叠在一起。

身边的科学

你有没有见过走钢丝的人在摩天大楼或深谷间行走？他们中的大多数人都要用一根长杆，这根长杆在他们每走一步的时候都要伸出来。这根长杆可以帮助他们在走钢丝的时候保持重心——在他们的脚和缆绳的会合点上——就像叉子把重心集中在牙签的尖端的点上一样。

如果这样会怎样？

把大概 8 张纸牌按"之"字形摆在走廊的地上，形成一列"垫脚石"，每两个之间隔开大约 50cm。试试沿着这条"路"走，但只能踩在纸牌上。再试一次，但这一次，拿着扫帚把保持平衡，是否更容易了？走得更快了？

湿不了的纸

我们这儿有一个你可以表演给朋友们看的科学魔法。想象一个场景：你正在清洗玻璃杯的时候，敌人突然出现要进行搜查，而你有一封很重要的信，就在手边，却没有来得及掩藏。如何才能及时隐藏信件又不影响之后阅读呢？

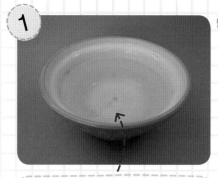

1 在水池或盆子里灌水，至三分之二处。

2 拿起那张纸，并告诉你的朋友这就是那个信件。

3 把这张纸揉成一团，然后把它推到玻璃杯的底部。

4 翻转杯子，使杯口朝下。确保纸巾固定住了，不会掉出来。如果掉出来了，把它揉得松一点，就不会掉出来。

5 然后把杯子倒扣在水里，直到它完全浸在水里。这就是在藏那份"信件"。

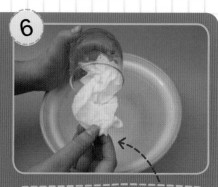

6 等到敌军去搜查别的地方已经安全时，可以把杯子从水里拿出来了。再从杯子里拿出那张纸，还是干的哦！

如果你在把玻璃杯按下去时，仔细观察水盆，你会发现水上升了一点。这些上升的水是被玻璃杯里的空气推开的。空气一般都是通过气泡上升的，但是倒放着的玻璃杯挡住了空气。因为空气不会往下走，它会一直待在玻璃杯里，并形成一个挡住水的屏障，所以那张纸还是干的。

身边的科学

排水量是许多科学活动和工程技术中的核心，其中，对浮力的研究是最重要的：物体怎样以及为什么浮起来（不浮起来），这都取决于被排开水的多少。如果一艘船或潜水艇比被它排开的水轻（因为它包含了很多空气），那么它就会浮起来。潜水艇可以控制自己的浮力，在水箱里灌满水它就会下沉，装满空气它就会浮起来。

如果这样会怎样？

让一个塑料玩具在一个装有一半水，放在水池里的罐子里浮起来。然后，拿一个比罐子细的杯子倒扣过来，圈住玩具往水下推，你会发现玩具下沉了！那是因为杯子里的空气会将玩具往下推。

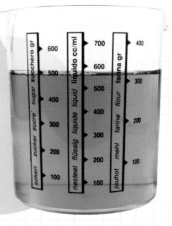

吸不起来的吸管

准备材料

- 1个带螺旋盖的玻璃罐
- 1根塑料吸管
- 1个锤子
- 1根钉子
- 海报油灰
- 水或饮料

当你骑了很长时间的自行车后，回到家你一定非常口渴。看！有人给你准备了一杯冷饮，用吸管喝吧。于是，你把吸管放到嘴里，开始吮吸，然后……什么也没有吸上来！发生什么事了？

1

让一个大人在盖子上用锤子和钉子钻一个洞。

2

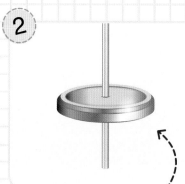

试试吸管能不能穿进去。如果不能，让大人帮你把洞扩大一点。

3

把吸管从洞里穿进去。盖上盖子时，让它几乎碰到罐子的底部。

4

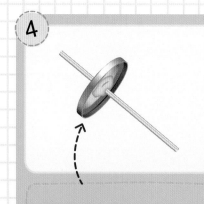

在吸管碰到盖子的地方粘一圈海报油灰。这样会把吸管密封起来。

5

把饮料灌到罐子的四分之三，盖上盖子。试着吸吸看……

6

……你会发现，什么都吸不上来！

魔术背后的奥秘

吮吸吸管与其说是在吸，不如说是在推。空气通过被称为气压的力量推动。通常，当你用吸管吸，你吸入空气，减少了你口腔中的气压。玻璃杯中饮料周围的气压大于你口腔中的气压，所以饮料就被"吸"入口中了。但是如果你完全把盖子盖住，玻璃杯外的空气就不能进入玻璃杯内挤压饮料，这样你就喝不到饮料了。

身边的科学

其实，在生活中你每天都能看到气压的魔法，只要把眼睛投向窗外。地球的自转与其他因素，如陆地和海洋的温度差，都会影响气压。当高压和低压区域相遇时，我们会看到风和其他天气变化。

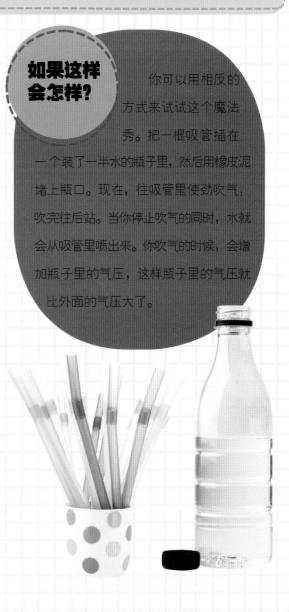

如果这样会怎样？

你可以用相反的方式来试试这个魔法秀。把一根吸管插在一个装了一半水的瓶子里，然后用橡皮泥堵上瓶口。现在，往吸管里使劲吹气，吹完往后站。当你停止吹气的同时，水就会从吸管里喷出来。你吹气的时候，会增加瓶子里的气压，这样瓶子里的气压就比外面的气压大了。

自制石弩

准备材料

- 1 把剪刀
- 7 根 25cm 的烤肉竹签
- 棉花糖
- 海报油灰
- 1 根橡皮筋
- 透明胶带
- 1 个乒乓球
- 1 个纸杯

高耸的石弩，在中世纪是最可怕的武器之一。它们可以投出巨大的石头、燃烧的干草，甚至可以把粪肥投过城墙。你可以利用科学魔法来创造你自己的石弩，尽管你的"弹药"只是小小的乒乓球。

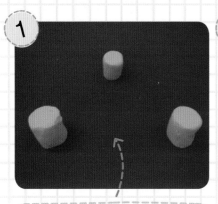

1 把 3 个棉花糖摆在桌上，形成一个等边三角形。

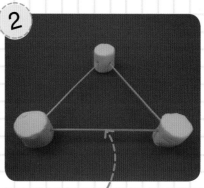

2 用 3 根烤肉竹签连接棉花糖。

3 从另外 3 根烤肉竹签上剪下 2cm。

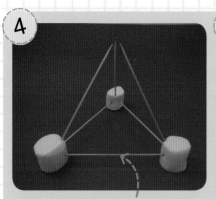

4 把这 3 根烤肉竹签各插在一个棉花糖的上面，朝上并且相互对着，形成一个金字塔。

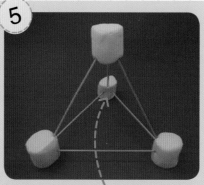

5 把另一个棉花糖插在那 3 根烤肉竹签的尖上，使金字塔有了顶角。

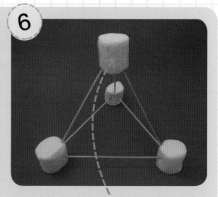

6 在顶端的棉花糖上裹几层透明胶。

7

把另一根烤肉竹签以一个角度插进纸杯。应该从纸杯的侧边出来，但靠近底部。

8

在烤肉竹签插到纸杯的地方的内部和外部贴一些海报油灰。

9

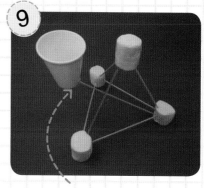

把那根烤肉竹签没有插纸杯的一端，插在底部的一个棉花糖上。

10

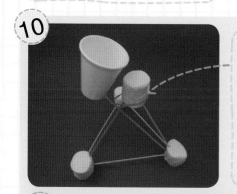

把纸杯和顶端的棉花糖用橡皮筋绑在一起。纸杯就会在顶端的棉花糖的旁边。

11

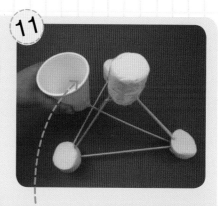

把一个乒乓球放在纸杯里，然后把纸杯往下拉，拉伸橡皮筋。

松开纸杯，"炮弹"发射！

12

接下页

魔术背后的奥秘

在整个过程中，蕴含着重要的科学原理。首先，石弩就是一个非常典型的利用杠杆的例子。与杯子相连的底部的棉花糖就是"支点"。当你拉纸杯的时候，你会给纸杯一个势能（potential energy）；当你放开纸杯时，这个势能就转换为动能，使纸杯飞起来。当纸杯停止飞行，纸杯中的乒乓球因为惯性会继续飞行，因为牛顿第一定律——一个运动的物体（没有外力作用下）一直会保持运动的状态。这个石弩和弹弓很像。

小贴士！

瞄准目标时小心点哦。确保球不会击中什么贵重物品。

如果这样会怎样？

如果你建一个更长手臂的石弩，球就会飞得更远。那是因为手臂的末端比支点端在同样的时间内，移动得更远。在同样的时间内，移动得更远表示积蓄了更多的势能，转换成的动能也更多，因此速度更快。试试看，一个长木杆能比一个短木杆让你的石弩射程增加多少？

身边的科学

在中世纪，军队使用的一些石弩都是巨型的。考虑到它们的射程，一般会被放在城堡附近。对于石弩来说，推送重达100kg的岩石翻过300m以上的城堡墙壁是轻而易举的。

自制乒乓球发射器

准备材料

- 1个直径约5cm的硬纸筒
- 2个空心纸筒
- 包装胶带
- 2根长皮筋
- 1个乒乓球
- 1个打孔机
- 1根绳子
- 1把剪刀
- 1把尺子

下面的这个魔法道具，可能是很多"捣蛋鬼"的最爱。他们用它出其不意地袭击正在看书的爸爸，然后为了躲避尴尬（或是惩罚），会及时地问："爸爸，为什么我的球会自己飞到你的鼻子上呢？"这会让很多爸爸陷入解释的麻烦之中。需要做乒乓球发射器的"捣蛋鬼"和需要约束这些"捣蛋鬼"的爸爸们，都能从这里得到你们想要的。

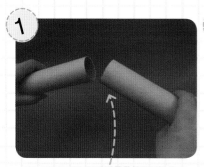

把一个空心纸筒塞进另一个空心纸筒约3cm处。

用胶带绑住两个空心纸筒的结合处和两个纸筒的末端。

用打孔器在纸筒末端的两侧分别打一个孔，孔的位置在距离纸筒的末端边缘约2—3cm处。

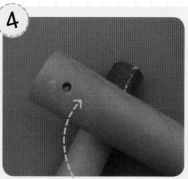

用同样的方法在硬纸筒中制造两个孔。

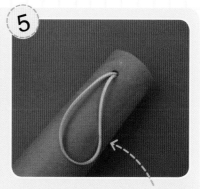

用皮筋穿过硬纸筒的一个孔。

6

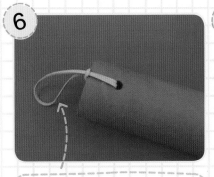

从硬纸筒的内部再次穿过这个孔，把皮筋拴成一个扣。

7

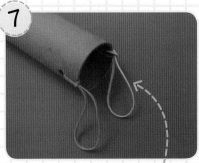

用同样的方式把第二根皮筋拴在硬纸筒的另一个孔上。

8

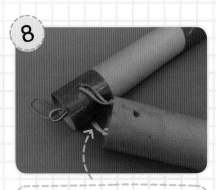

把硬纸筒上的两根皮筋分别插入纸筒末端的两个孔中。

9

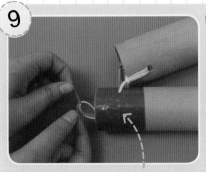

剪一段长5—7cm的绳子，把两根皮筋的末端系到一起。

10

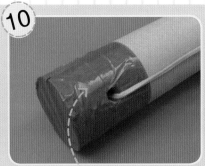

从纸筒中轻轻拉出硬纸筒，这样绑在纸筒上的皮筋就会被固定住。然后用胶带把硬纸筒的一端黏上。

11

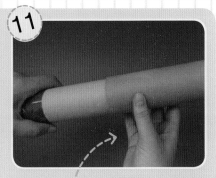

把硬纸筒的另一端插入纸筒。当它从纸筒的末端伸出来的时候，轻轻地把它拉出来，这样绳子的末端就会被拉进去。

12

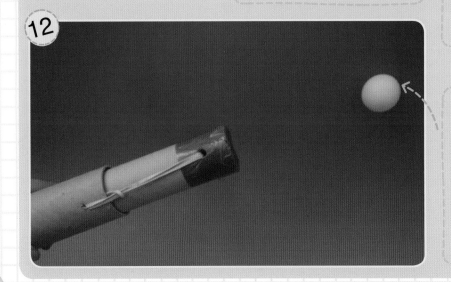

把一个乒乓球放进空心纸筒中，然后向下拉硬纸筒，再放手……

砰！

魔术背后的奥秘

这个魔法秀揭示的是能量的类型。当你向下拉硬纸筒的时候，产生了势能。这种能量可以转化成其他类型的能量。然后，当你松开手，纸筒穿过硬纸筒（伴随着球的运动），势能转化为动能（kinetic energy）。动能和势能是研究能量转化的科学术语。在刚才的魔法秀中，能量转化就是球飞出去的秘密。

小贴士！

如果硬纸筒太厚，不容易打孔，可以让家长帮忙用钉子和锤子凿一个孔。不要把你的弹射器朝人瞄准（哪怕是正在读报纸的爸爸）。

如果这样会怎样？

如果用大约 3m 长的硬纸筒和更长的皮筋来表演这个科学魔法秀你觉得会产生什么样的效果呢？对了！球会飞得更远更快。为什么呢？因为势能会更大，所以可以转化成更多的动能。

身边的科学

你是否见过或坐过过山车？过山车的惊险刺激来自势能和动能之间的持续转化。当过山车爬坡的时候，速度很慢，一边爬一边累积强大的势能，而冲下去的时候，势能迅速转化为强大的动能。

分不开的气球

准备材料

- 2个气球
- 2把高背椅子
- 1根绳子
- 1把剪刀
- 1把尺子
- 自来水
- 1个空心纸筒
- 1把扫帚

分开气球有多难呢？当然，一点儿都不难，除非，科学想阻碍你。想知道是怎么回事吗？给你个线索——是压力在"捣蛋"。

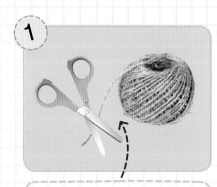

1 剪两根大约 50cm 长的绳子。

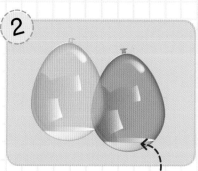

2 把水龙头打开，向两个气球里各灌一点水。把气球吹起来，然后打好结。

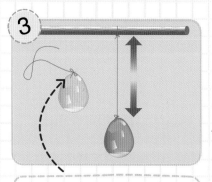

3 在气球上各拴一根绳子，把另一端系在扫帚上，系得松一点。

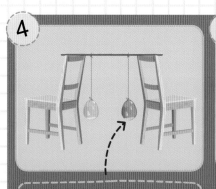

4 把椅子摆好，让它们背对背。把扫帚把架在中间，把两个气球挂起来。

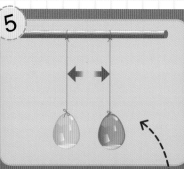

5 移动气球的位置，使它们间隔大约 10cm。气球里面的水能保持它们的平衡。

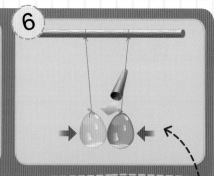

6 俯身跪在和气球水平的位置上用纸筒对着气球中间吹气，它们不仅没有分开，反而被拉到了一起。

你向 2 个气球中间吹气，让气球间空隙里的空气加快运动。当空气或其他气体或液体加快运动时，它的压强会变小。但是 2 个气球外侧的气压是不变的。所以气球外侧的气压就比气球内侧的大，气球被外侧的气压挤到了一起。

如果这样会怎样？

在一个纸杯的底部戳一个洞，然后插一根吸管，用橡皮泥堵住所有空隙。把一个充好气的气球放在杯子上，然后用吸管往杯子里吹气。气球不会被吹掉，反而会一直吸附在纸杯上。这是不是气压又在作怪呢？

身边的科学

为了防范突然或极端的压力，工程师和建筑师需要了解不同的气压对单个摩天大楼和楼群的影响，在施工前就要把预防措施纳入其中。

被大米"抓住"的剑

准备材料

- 1个 500ml 透明塑料瓶
- 1kg 大米
- 1根木棒

　　传说只有英国真正的王——亚瑟王才能从石头上拔出宝剑。但是剑是如何被卡住的呢？你是不是可以表演类似的科学魔法秀呢？如果你能把下面这个魔法秀中的"剑"拔出来，你是一位皇家的后裔也未可知。

1 把大米倒入塑料瓶中，大约一半的位置。

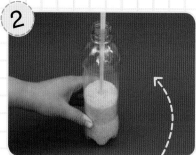

2 扶稳塑料瓶，然后把木棒垂直插入瓶中的大米里面。

3 轻轻往上拉木棒，这个时候，它应该很容易就可以被拉出来。

4 用大米把瓶子装满，然后再敲几下瓶子。

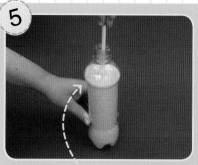

5 把木棒垂直插入瓶中的大米里面。

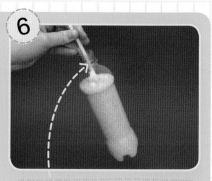

6 现在想拉出木棒恐怕你只能拿起整个瓶子了。

魔术背后的奥秘

这个科学魔法依靠的是摩擦力（friction），这是一个阻碍物体运动的力。当你在骑自行车的时候，你会遇到摩擦力；当你在地毯上推箱子的时候，你会遇到摩擦力；当你搓搓双手取暖的时候，你也会遇到摩擦力。

米粒之间也有摩擦力。第一次木棒比较好拉出来，是因为大米比较少，产生的摩擦力小。但是第二次，大米比较多，而且经过敲击大米都均匀地挨在一起，这样增加了摩擦力。

如果这样会怎样？

你可以用摩擦力把两本书"锁"在一起。把两本书对口摆放。翻开书，让它们的书页尽量多得交叠在一起，然后试着拉开它们，会怎么样呢？

身边的科学

赛车工程师们总是在寻找减小摩擦力的方法，以便让机器更有效地运转，这样可以减少赛车所需的燃料。机油和其他润滑剂可以减少汽车发动机等运动部件之间的摩擦。飞机和赛车的流线型设计是为了降低空气阻力，这也是一种摩擦。

零点爆破

谁会想到吹风机也能作为一种科学设备呢？可是和乒乓球、硬纸筒一起，它会爆发不一样的威力哦！准备好了吗？可能会被吹走哦。

1
打开吹风机的冷风开关，把乒乓球和硬纸筒放在手边。

一手拿着吹风机，一手拿着球，把球放在吹风机上方约 40cm 处。

2

3

稍微倾斜吹风机，你会发现即使球不在吹风机的正上方，它依然可以悬浮。

把吹风机恢复到之前直立的位置，把硬纸筒从球的上方慢慢下降，你会发现球钻进硬纸筒然后发射了出去。

4

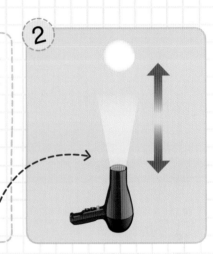

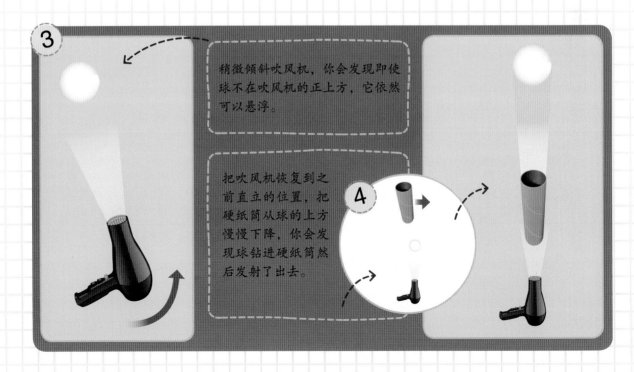

这个魔法秀是对伯努利原理的一个很好的证明。瑞士科学家丹尼尔·伯努利指出流体或液体快速运动，它的压力就会减小。吹风机吹出的气流比周边空气的运动速度快，相应地，它的压力比周围空气的要小。周围的空气——有更大的压力——压在吹风机气流形成的低压区上。当低压区的空气被输送到狭窄的硬纸筒时，硬纸筒内的空气就会传播得更快。硬纸筒内的压强会更低，低到足以把球吸进去。

小贴士！

表演完魔法，一定要记得把吹风机关掉，并且拔掉电源。

身边的科学

伯努利定律是解释飞机飞行理论的重要组成部分。飞机机翼的上表面是流畅的曲面，下表面则是平面。这样，机翼上表面的气流速度就大于下表面的气流速度，所以机翼下方气流产生的压力就大于上方气流的压力，飞机就被这巨大的压力差"托住"了。

如果这样会怎样？

想在更大的舞台上尝试一下吗？你可以用一个吹叶机和一个沙滩排球来做同样的"悬浮球"魔法秀。记住：一切都是运动和压力的杰作。

21

黏在一起的马桶搋子

准备材料

- 2 个相同的马桶搋子（或许你有"流氓兔"同款）
- 水
- 1块抹布

"布克奖最快实验"的赢家是——（铃声响起）——"黏在一起的马桶搋子！"确实这个实验做起来很容易，不过解开来很难。很快你就会知道为什么。

1 抓住马桶搋子的杆子，让两个马桶搋子对口放置。

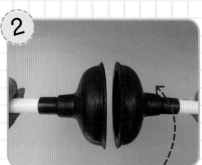

2 然后分开它们，这很容易。

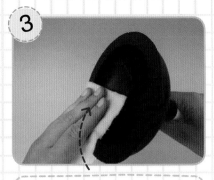

3 用湿抹布擦拭两个马桶搋子的边缘。

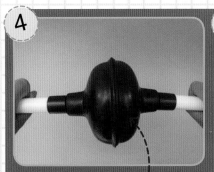

4 然后把它们对口推压，你会听到空气从它们中间跑出来的声音。

5 滑动马桶搋子，让它们之间边缘完全对齐，没有缝隙。

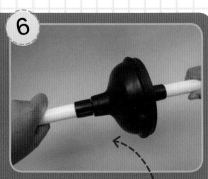

6 这样，两个马桶搋子会黏在一起，再想分开它们，几乎是不可能的。

这个魔法秀就是演示除去空气后会发生什么。科学家称这种情况为真空（vacuum）。在这个魔法秀中，你把空气从马桶搋子里面挤了出来。为了更好地把空气挤出，你必须准确、及时，当你推压两个马桶搋子时，要留一个缝隙，让里面的空气排出，然后滑动马桶搋子，让它们之间没有缝隙，这样，当你再想拉开它们时，就是在和外部的空气压力做斗争了。

小贴士！

表演后，想分开两个马桶搋子，试着滑动它们，而不是一味拉扯。

如果这样会怎样？

如果在这个魔法秀中，你没有抽出所有的空气来制造一个真空环境，结果会怎么样呢？为什么会这样呢？

身边的科学

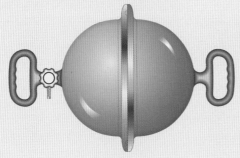

这一实验是奥托·冯·格里克1654年在德国马格德堡进行的。他把两个空心铜半球顶推到一起，把空气抽出来，用油脂密封住空心铜半球的边缘，防止空气进入。即使一支由32匹马组成的队伍，也无法分开这两个空心铜半球，它们被称为"马格德堡半球"。

吃鸡蛋的瓶子

如果看过《加勒比海盗》，那么你应该对瓶子里的模型船并不陌生。这么精致的艺术品需要特殊的工艺和极大的耐心。但你可以做得更好：让一枚鸡蛋自己钻进瓶子里！

准备材料

- 1 枚煮熟的鸡蛋
- 食用油
- 1 个比鸡蛋直径略小的玻璃瓶
- 1 盒火柴
- 1 块约 2.5cm×10cm 的报纸片
- 1 块抹布

1

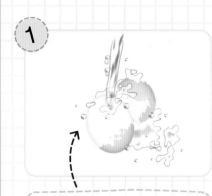

剥鸡蛋。友情提示：鸡蛋在流动的冷水下更容易剥。把剥好的鸡蛋放在瓶口，小的一端朝下，检查大小是否合适。

2

把鸡蛋放在一边，用抹布蘸些油，然后在瓶口内部抹一圈。这将有助于鸡蛋顺利滑入瓶中。

3

请家长帮忙点燃报纸片的一端，把它塞到瓶子里，燃烧的一端朝下。

4

燃烧的报纸片一掉进去，就立刻把鸡蛋放到瓶口。

5

几秒钟内，你会看到鸡蛋轻微扭动，然后被吸入瓶内。

这个魔法秀看起来很简单，但它却涉及一些重要的科学概念，如热量、密度和压力。空气，是这个魔法秀的"秘诀"。燃烧的报纸片将瓶子里的空气加热，空气变热后密度降低并膨胀。

用鸡蛋堵住瓶子，里面的空气被困住了。随着空气冷却，它们在瓶内占据的空间变小。虽然没有压缩很多，但外面的空气依然"坚持不懈"，努力去填充瓶内的空间，于是就把鸡蛋推了进去。

魔术背后的奥秘

小贴士！

火柴和燃烧的纸条必须由家长处理。

如果这样会怎样？

我们可以试试相反的做法。把一小块冰放在瓶子里冷却瓶子里的空气。当冰融化的时候，用乒乓球堵住瓶口，然后用双手把瓶子包住（让里面的空气暖和起来）。猜猜会发生什么……并想想为什么。

身边的科学

真空吸尘器利用空气压力差来工作。吸尘器内的风扇能迅速地推动空气，从而降低真空吸尘器内部的气压。（你吸吸管的时候把吸管里的气压降低了。）外面的"正常气压"朝吸尘器里面推，从而带走灰尘和污垢。

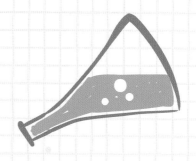

第二章
你不知道的声音魔法

模仿咯咯鸡的叫声

下面的这个科学魔法秀让你不仅能够教人们一些东西，而且还能够让他们咯咯发笑，是不是很有趣呢？只需一点儿小小的准备你就能制造出令人捧腹的咯咯鸡叫声，这背后有怎样的奥秘呢？

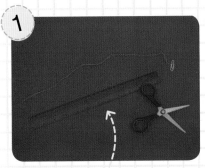

1 剪一根长 40cm 的绳子，并将一端系在纸夹的中间。

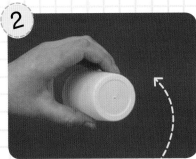

2 在大人的指导下用锋利的尖刀在塑料瓶底戳开一个小洞。

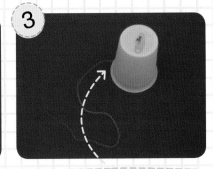

3 将绳子的另一端从外面穿进小洞，拉出绳子直到纸夹卡住杯底。

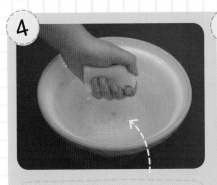

4 把海绵浸湿，拧到不滴水只湿润的程度。

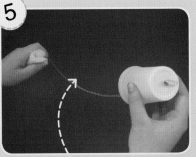

5 用一只手紧握塑料杯，另一只手把悬挂的绳子包在折叠的海绵里。

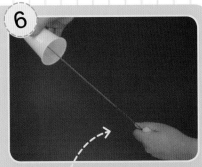

6 挤压海绵，并往下急拉几次，在每次急拉的时候你就能听到咯咯鸡的叫声。

魔术背后的奥秘

要解开这个魔法秀的奥秘，首先要知道声音是如何产生的。声音就是通过空气或其他材料传播的振动产生的。每次急拉绳子，绳子就会发生振动，这振动会引起杯子和杯子里的空气发生振动，声音因此放大（变得更强烈）。振动通过空气传播，当它们传到你的耳朵时，会引起耳朵内耳膜的振动，并把声音信号送达大脑。

身边的科学

吉他、小提琴和钢琴的声音不同，但发声原理类似，都是结合了多种材料的振动。琴弦的振动传到木头（通常称为"共鸣板"或"音板"）上，声音会被放大，并产生特殊的音质。

如果这样会怎样？

如果换成一个更大的杯子或更小的杯子做这个实验，会发生什么呢？或者换成另一种质地的杯子试试，又会发生什么情况呢？

小贴士！

用粗绳或羊毛绳做这个实验更好，因为它们振动频率更大。

自制排箫

准备材料

- 8 根约 25cm 长的塑料吸管（不要容易弯曲的）
- 1 把剪刀
- 1 把尺子
- 透明胶带

潘神的牧笛又称排箫，它是世界上最古老的乐器之一。关于潘神的牧笛，有一个浪漫的神话故事。山林水泽之神西琳克丝为逃避潘神的追求，将自己化身为水边的芦苇。潘神因找不到心上人西琳克丝而神伤不已，把水边的芦苇制成了牧笛，用它迷人的声音来治愈自己失恋的痛苦。你用下面的方法，是不是可以做一个属于自己的排箫呢？

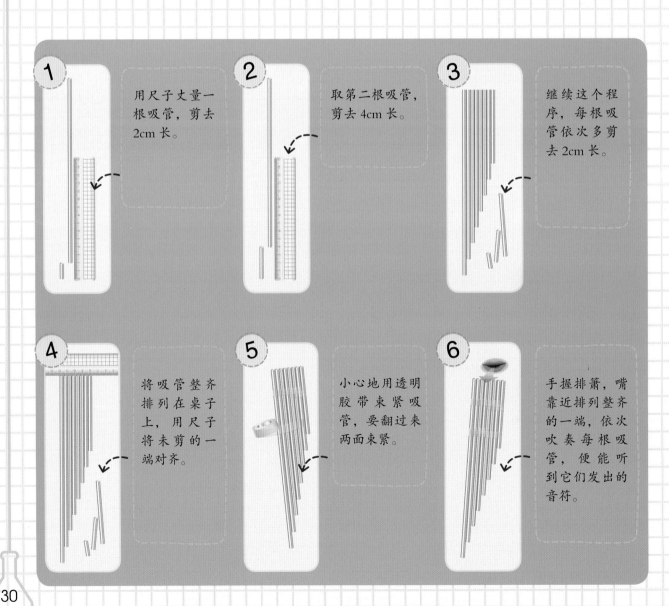

1 用尺子丈量一根吸管，剪去 2cm 长。

2 取第二根吸管，剪去 4cm 长。

3 继续这个程序，每根吸管依次多剪去 2cm 长。

4 将吸管整齐排列在桌子上，用尺子将未剪的一端对齐。

5 小心地用透明胶带束紧吸管，要翻过来两面束紧。

6 手握排箫，嘴靠近排列整齐的一端，依次吹奏每根吸管，便能听到它们发出的音符。

魔术背后的奥秘

在制作排箫的过程中，你学到了有关声音的发生原理。记住：声音是通过空气和其他材料传播时发生的一系列振动。振动的快慢也就是所谓的频率（frequency）决定了声音的高低。空气穿过最短的吸管便会振动最快，发出的声音最高。更长的吸管会有稍低的频率，发出更低的音符。

身边的科学

南美印加人的排箫和大教堂里的管风琴跟我们自制的这个乐器有同样的原理。改变声音频率的其他办法是改变管或笛子的宽度，越宽产生的频率越低。

小贴士！

吸管的长度和宽度都会影响排箫的音色，如果找不到同样大小的8根吸管，你可以混搭看看，说不定会有更好的发现。

如果这样会怎样？

尝试用长长的空心竹子代替吸管来做这个实验。这种竹子一般用来做花园支架，割竹子的工作比较危险，请找大人帮忙。

什么能让声音变大

听着，你也许知道扩音器和听诊器能放大声音，但是你知道气球也能放大声音吗？气球能放大声音的奥秘，据说藏在一种叫二氧化碳的气体里面，一起来看看吧。

准备材料

- 1个量杯
- 醋
- 1个小勺
- 1个漏斗
- 碳酸氢钠（小苏打）
- 1个约500ml的塑料瓶
- 1个气球
- 1个有嘀嗒指针的闹钟或手表
- 1个水盆

1

通过漏斗向气球内加入4小勺苏打粉，然后把气球小心地取下来，放在一边待用。

2

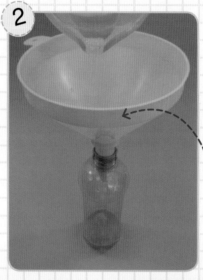

用量杯量出100ml醋，通过漏斗加入塑料瓶。

3

把气球的口小心地套在塑料瓶的瓶口上，尽量往下拉，一直套到瓶口的最下端，套紧。

4

此时，气球已经套在瓶子上了，剩余部分悬挂在瓶子旁边，气球里面的苏打粉是干的。

5

小心地把气球拉起来，倒立在瓶子上面，让里面的苏打粉掉进瓶子里，随后，液体开始冒泡。

6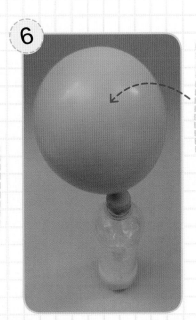

观察瓶子里的液体继续冒泡，气球开始向外鼓起来。

7

待气球完全鼓起来，捏住气球嘴儿，从瓶子上取下来，打个结。

8

把瓶子放在一个水池或盆子里，以防气泡溢出来。

9

把闹钟或手表放在桌子或台子上。确保房间里没有其他噪音。

10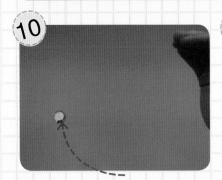

把耳朵凑近时钟，大约距离80cm，听听指针的嘀嗒声。

11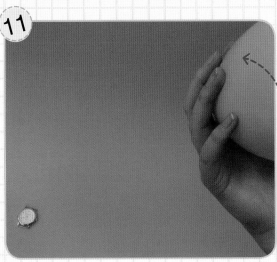

然后，把气球拿起来，贴近耳朵，再听听指针的嘀嗒声。声音大了很多！

接下页

魔术背后的奥秘

其实，你同时做了两个实验。第一个是化学实验——碳酸氢钠和醋发生化学反应，产生了盐和二氧化碳。二氧化碳（CO_2）气体充满了气球。二氧化碳比空气重，所以当声波（比如时钟的嘀嗒声）经过时，会发生弯曲或折射。这与光穿过透镜发生折射的原理是一样的。正如放大镜放大了图像，二氧化碳放大了声音。

小贴士！

表演完成之后，请把剩余的液体倒入下水道。

身边的科学

空气的温度会影响声音的折射。声音在热空气里比在冷空气里传递得更快。比如，你的朋友白天时从湖对岸喊你，你可能听不见，因为中间有船只阻挡。到了晚上，情况就变了。日落之后，空气尚有余温，但贴近清凉湖面的空气逐渐变凉。你朋友的喊声形成的声波向上弯曲（声波在高处温暖的空气中传递得更快），然后慢下来，当穿过比较凉爽的空气时向下弯曲。声波好像在玩"蛙跳"一样，于是，你就听到了朋友的喊声。

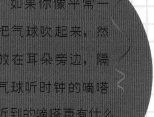

如果这样会怎样？

如果你像平常一样把气球吹起来，然后放在耳朵旁边，隔着气球听时钟的嘀嗒声，觉得和你平常听到的嘀嗒声有什么不同吗？为什么？

自制电话

你知道在手机和固定电话发明之前，人们有一种方法可以跟离得很远的人说话吗？"线"这个字是一个线索，它能让你知晓早期电话是如何被制作出来的，也能教你自己制作这样一部电话。

准备材料

- 2 个塑料杯
- 1 根 10m 长的绳子
- 2 个回形针
- 1 根很尖的铅笔

1 把绳子的一端捏在铅笔头上，然后轻轻地从外往里在杯底戳一个洞。

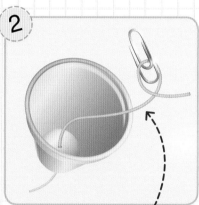

2 把绳子拉穿，系在回形针的末端。

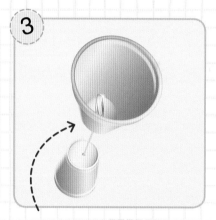

3 把绳子的另一端穿到另一个杯子里，也系一个回形针。

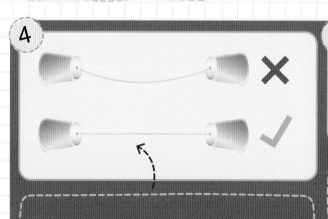

4 让一个朋友拿起"接收器"，然后分别往两边走，把绳子拉直。

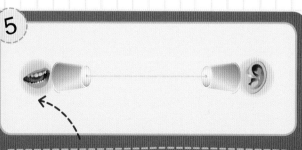

5 对着一端说话，再问问朋友能不能听见你说话。试试把绳子穿在门缝里或窗帘后，确保你们中有一个人是躲起来的。（这样，你们看不到彼此，却可以通过声音传递来确定对方是否在说话。）

"电话"这个词的来源是古希腊的两个词，意思分别是"远"和"说话"。你制作的电话刚好体现了这两个词的意思。而且，它用的一些原则跟固定电话是一样的。当你说话的时候，绳子就会开始振动，并把振动传递下去。另一端的杯子放大（增强）那些振动产生的声音，这样另一个人就能听到你说话了。一个常规的电话可以接收和重现振动，如果使用电力来传送，中间便隔得远多了。

如果这样会怎样?

这个科学魔法秀向我们展示了声音的作用，因为声音是一种振动。想想哪种声波振动在你的"电话线"上移动得最好。声音高一点（振动快一些）好还是低一点（振动慢一些）好呢?

身边的科学

如果绳子松了，声音会有什么变化?

用不长且绷紧的绳子来表演这个科学魔法秀效果最好。如果你用更长的绳子来做，就会发现另一个人的声音难以听清。这是因为振动能量远途流失很多，声波减弱。日常使用的电话信号在传输过程中同样会损耗能量，所以沿途才需要信号增强器。

第三章
光魔法师的五彩个人秀

颜色的魔法

你很可能听说过三基色——红蓝黄，也应该知道艺术家们如何将它们混合起来，制造出其他合成色……彩虹里的所有颜色。这里有一种方法可以混合所有颜色又不会弄得到处脏兮兮。

准备材料

- 2个纸盘子
- 1把剪刀
- 1根绳子
- 1支铅笔
- 1把尺子
- 1块带长短针表面的手表（不要电子表）
- 1个大玻璃杯
- 六色签字笔，六色为红、橙、蓝、绿、黄、紫

1

翻转玻璃杯置于纸盘上，用铅笔绕杯口画个圆圈。

2

用剪刀沿圆圈剪下一个圆形纸盘。

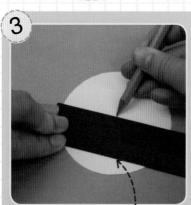

3

丈量圆形纸盘最宽的部分（直径），并用铅笔标出圆心。

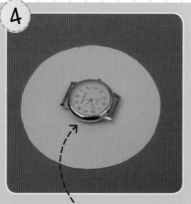

4

把手表放置在圆形纸盘上，让手表的中心与圆形纸盘的中心相对。

5

按照指针所指数字2、4、6、8、10、和12用铅笔在纸盘上分别画点。

6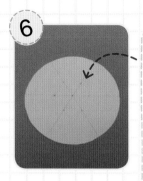

移去手表，用铅笔画六条线，通过中心连接六个点，并延伸到边缘。纸盘现在被分割为相等的六块。

7

用六色笔分别在六块地方涂色，并按红、橙、黄、绿、蓝、紫的顺序。

8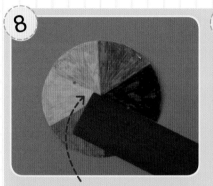

用尺子在一条直线两端标出距离中心 2cm 的两点。

9

用剪刀尖或铅笔尖在这两点戳两个洞。

10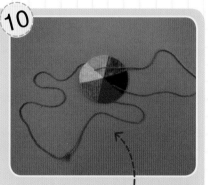

剪出 1m 长的绳子，两端穿出两洞，最后系起来形成一个环。

11

捏紧线环的两端，将纸盘滑动到线环中端。

12

用绳子旋转纸盘，就像你在摇跳绳一样——先把它卷起来。然后再拉紧让它旋转。不同的颜色会混合起来，最终转起来就像白色一样。

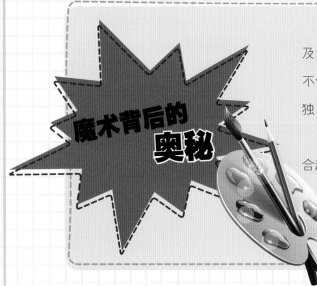

魔术背后的奥秘

这个科学魔法秀告诉我们很多关于颜色如何混合以及大脑如何记录颜色和其他图像的知识。纸盘上的颜色不停地快速旋转，我们的大脑因此来不及给每种颜色单独"快照"。

颜色混合并没有使颜色变得复杂，相反这些颜色混合起来看上去像白色。你需要掌握每种颜色的准确色调才能产生出纯白色。即便实验过程产生出来的是稍微暗一些、灰一些的幻觉，你也创造出了一种充满想象力的艺术家调色板。

小贴士！

用一根长一点的绳子，并请一个朋友抓住绳子的另一端，就会得到一个更好的旋转。

如果这样会怎样？

试试只用红蓝黄三基色中的两种进行表演。当你旋转时就能产生合成色：红＋黄＝橙色，黄＋蓝＝绿色，蓝＋红＝紫色。

身边的科学

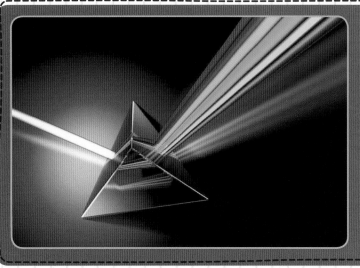

1672年，牛顿首次尝试做了这个颜色转盘实验，他注意到当常规的"白色"光线穿越一种叫作棱镜的玻璃时，它就会分解成不同的颜色。而颜色转盘显示了五颜六色会变为"白色"的过程。

隔空切断绳子

如何把柔和的光变成一把利刃呢？这种变化背后的力量来自光与热之间的联系。选择一个阳光充足的日子来表演这个科学魔法秀，只要阳光够充足，你甚至可以让表演看上去更具"魔力"：如何隔空切断绳子。

准备材料

- 1 个透明的玻璃杯
- 1 根绳子
- 1 个放大镜
- 1 个比杯口直径小一点的金属螺母
- 1 支铅笔
- 晴朗的天气
- 1 把剪刀

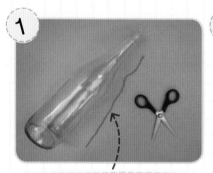

1 轻轻地剪一截比玻璃杯高度略短的绳子。

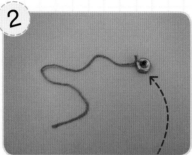

2 将螺母系在绳子的一端。

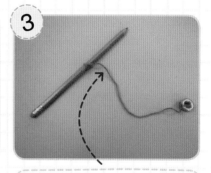

3 将绳子的另一端系在铅笔的中间。

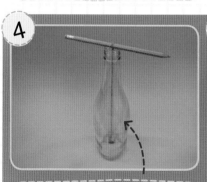

4 将螺母置于几乎快到瓶底的位置，铅笔横放在瓶口，旋转铅笔升高或降低螺母。

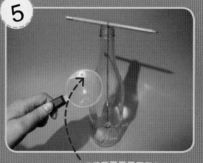

5 用放大镜聚集一束阳光在绳子上，保持放大镜在阳光与玻璃杯之间，轻轻移动直到最明亮的阳光照射在绳子上。

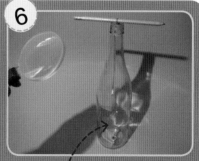

6 螺母下垂的重量有助于你像激光一样点燃它的方式来切断绳子，因为热跟光一起聚集在绳子上。

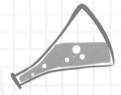

放大镜实际上是一个凸透镜，设计凸透镜的目的是让光线透过它时改变方向。放大镜让光线（光线通常是平行穿行的）像穿行在一个漏斗中，射向一个小的区域，这样聚集起来的光线会更明亮更炽热。

这种炽热的温度达到一定程度足以穿过玻璃杯烧断绳子。因为当光线穿过透明的玻璃杯时，玻璃杯只能吸收少量的光和热。

魔术背后的奥秘

身边的科学

激光（laser）是一种高科技，一度被视为科幻小说的发明，它可以把光线聚焦在一个小区域内并产生高热量。现在激光已经应用在外科手术和工程技术之中，并制造了许多产品造福人类。

小贴士！

不要直视阳光。

当你使用放大镜时要确保玻璃杯附近没有易燃物品。

做这个实验的时候要有大人在旁边。

如果这样会怎样?

你可以用不透明的玻璃杯尝试一下。绿色的玻璃杯或者深蓝色的玻璃杯。

穿错"衣服"的气球

准备材料

● 1 个透明的气球
● 1 个黑色的气球
● 1 个放大镜
● 晴朗的天气

在隔空切断绳子之后，你想不想试试隔空打气球呢？现在你可以吹两个气球，一个包裹着另外一个。然后用放大镜聚焦阳光，用"光刀"把其中一个气球刺破。但是……刺破的却是里面那个气球！为什么呢？据说是因为里面的那个气球不小心穿错了"衣服"。

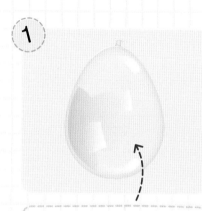

1 把透明的气球吹大并捏紧。

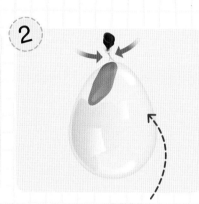

2 把黑色的气球放进透明的气球里。留一小部分黑色气球的气嘴儿在透明气球外面。

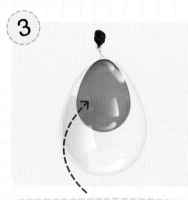

3 把黑色的气球吹到大约一半大小（让它在透明气球里面鼓起）并把它扎紧。

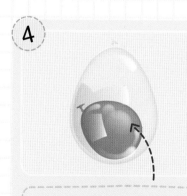

4 把黑色的气球推进去，再把透明的气球扎紧。现在有两个气球，一个包着另一个。

5 拿着放大镜用太阳光照射这对气球。

6 移动放大镜直到光线聚焦到黑色的气球上。它会在几秒钟内爆掉。

魔术背后的奥秘

深色物体比浅色物体更能吸收能量（包括热量）。而光线穿过透明材料时影响甚微。这意味着光线穿过外面（透明）的气球时不会使它爆炸。但是当光线到达里面的气球时，从放大镜得到的聚集光线（和热量）会立即给气球加热直到它爆掉。

使用其他形态的辐射也会出现同样的情况。例如，X射线穿透了皮肤和肌肉，但是被骨头和牙齿吸收，这就是为什么骨骼和牙齿在X光照片中那么清晰的原因。

身边的科学

在气候炎热的国家，人们经常穿浅色的衣服。那是因为浅色衣服吸收的热量比深色衣服少，穿浅色的衣服比较凉快。

小贴士！

绝对不要直视太阳。不要让放大镜聚焦光线照射到任何易燃易爆物品。

如果这样会怎样？

试一下倒着做，把透明的气球放在里面，黑色的气球包裹着透明的气球。这回仍是那个里面的气球爆掉吗？为什么会这样？

消失的硬币

你可能常听人说："我的天，钱都去哪儿了？它们就这样消失了！"这种说法当然是"月光族"们对花钱太快的感慨，不过现在有一个机会让钱真的消失。这一切又是光线的功劳。来给观众表演一下这个神奇的科学魔法秀吧。

1

把一个玻璃杯放在桌子上。把另一个玻璃杯装满水。

2

摆放好椅子，使观众的视线大致与空玻璃杯边缘在同一水平线上。不要让观众从上往下看。

3

你的观众坐下来以后，把一个硬币放在桌子上，并把空玻璃杯放在硬币上面。所有人应该可以透过玻璃看见硬币。

4

现在从装满水的玻璃杯倒一半水到空玻璃杯里。

5

问一下观众是否能看见硬币。硬币消失了！

6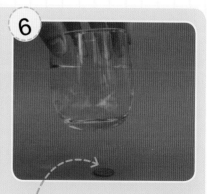

把玻璃杯从硬币上面拿走。硬币在魔法的作用下又出现了！

这个科学魔法秀其实展示了光线穿过不同物质时发生的弯曲［折射（refract）］现象。实际上，光只有在穿越真空（就是什么都没有的空间，甚至空气也没有）时才会以"光速"前行。当光穿过其他物体的时候，速度会变慢，并发生折射。

当光穿过空气的时候，它产生折射的幅度不大，但是当它穿过水的时候，就会产生更大的弯曲。所以尽管你盯着放置硬币的地方，却看不到它，因为从它那里反射的光线已经前往不同的方向了。

魔术背后的奥秘

身边的科学

科学家和工程师在很多领域都用到光的折射。知道某种成分（比如说盐或糖）能在多大程度上改变液体的折射幅度是很有用的。他们能通过测量混合液体的折射幅度，来推算该液体中包含的这些成分的量是否合适。

如果这样会怎样？

你可以试一下用一根柔韧的吸管放在玻璃杯里来进行这个魔法秀。如果你在玻璃杯的旁边看，吸管就像是折断了一样。

CD 中的彩虹

准备材料

- 一个 CD
- 一个手电筒
- 晴朗的天气

通过之前的科学魔法秀，你已经知道，白色其实是所有颜色混合在一起呈现出来的颜色。你也知道如何将这些不同的颜色加在一起来"形成"白色。现在下面的这个科学魔法秀反其道而行之——分解白色，以把那些"躲起来"的颜色"揪"出来。

1

选一个晴朗的日子，站在窗边。把 CD 反光的一面朝上，印图案的一面朝下。把 CD 拿平，然后观察从它上面反射出的光线。

2

前后左右小幅度地倾斜 CD，直到你看见不同颜色的光带，像彩虹一样。

3

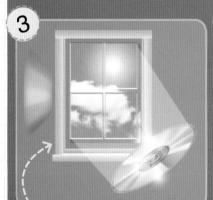

看看你能不能把那些颜色投射到窗棂或窗边其他白色表面上。

4

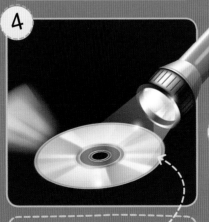

现在去到房间里较暗的地方，一只手拿着 CD，另一只手拿着手电筒对着它照射。

5

调整手电筒和 CD 的倾斜角度，直到你开始看见像彩虹一样的光带，就像你在窗边用太阳光做的一样。你通过不同的 CD 倾斜角度和手电筒，从不同的纹路反射出光线，映射出不同颜色。

47

魔术背后的奥秘

我们所看到的来自太阳或手电筒的光（或称为"白光"），实际上是所有颜色的综合体。光以波的形式传播，有点儿类似于向海岸靠近的海浪。有时候海浪因"成群结队"而变得更大，有时候海浪相互撞击而相互抵消。

CD反光的一面其实有很多细小的纹路。光波从这些小纹路向不同方向反射（弹出），有些光波"成群结队"，有些则相互抵消。对光波造成的这些变化打破了颜色平衡。这样，我们就能更清楚地看到它们了。

如果这样会怎样?

现在用CD的另一面做同样的实验。你认为这次你还能看到"彩虹"吗？你的推测正确吗？

小贴士!

千万不要直视太阳。

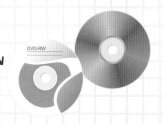

身边的科学

你日常看到的彩虹就是你刚刚做过的科学魔法的大自然版。天空中的每一滴雨滴都会把白光折射（弯曲）成"彩虹的所有颜色"（我们称之为光谱）。但是这些颜色从不同方向反射的，所以我们只能够从一滴雨滴看到其中的一种颜色。而天上有大量的雨滴，所以我们可以看到整个光谱。

会穿"衣服"的冰盖

如果你关注气候变化，便会知道南北极的冰盖正在变小。但是你知道吗，冰盖的颜色能让极地保持凉爽。冰盖越小，极地就越热。这到底是怎么回事呢？答案也许就在你家的窗台上。

准备材料

- 3个茶碟或者浅盘
- 3片布，分别为黑色、白色、黄色
- 3块大小一样的冰块
- 光照充足的窗台
- 表或钟

1 将3个茶碟排在光照充足的窗台上。

2 一个茶碟上放置一片布，颜色、顺序无所谓。

3 每片布中间放置一块冰。

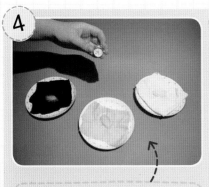

4 确定冰块完全在阳光的照射下，等5分钟。

5 检查一下冰块，观察一下哪一块融化得最厉害。

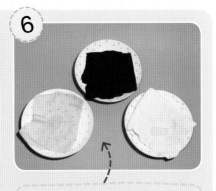

6 观察每块冰完全融化的时间。黑布上的那块应该最先消失……而白布上的冰肯定最后才消失。

刚刚发生的一切都可以归结到能量。光和热都是能量的存在形式，能量的发送过程叫辐射（radiation）。有些辐射我们能看到（可见光），其他辐射我们肉眼看不到，不过我们可以看到它们的效果（例如，紫外线导致灼伤）。

我们所看到的颜色，给我们提供了物体如何吸收光辐射的线索。黑色吸收所有波段的光辐射并将其中一部分转换成热量。白色反射光线，所以它只能将很小一部分光辐射转换成热量。各种不同颜色吸收的热量在黑色和白色之间，大于白色而小于黑色。

如果这样会怎样？

在夜晚把所有光都熄灭（除了你进入房间检查冰块是否融化），再试试这个魔法秀。不同颜色之间你会发现什么？或者有什么不同吗？

身边的科学

冰川融化的速度也体现了这种效应。冰川是白色的冰组成的，能反射太阳光线。但是一旦部分冰川融化，岩石裸露出来，冰川融化的速度就加快许多。黑色岩石意味着更多光线转化为热量。一些热量通过岩石传递过来，融化着它周围的冰块……那又让更多的黑色岩石裸露出来。如此日复一日。

揭秘电影

准备材料

- 38mm×51mm 便签纸
- 1 支圆珠笔或细的签字笔

你是否曾梦想成为一名电影导演？或是一名动画片绘制者？那么接下来这个科学魔法秀，可以让你"美梦成真"。这是一场关于视觉的"骗局"。看看导演或者动画片绘制者是怎么利用"眼睛的戏法"来"欺骗"你的吧。好了，灯光、音像准备……开始！

将一沓便签纸黏的那面朝外放在桌上。

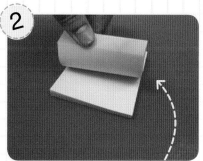

将手指摁着有黏性的那面，同时用手指掰着整本便签纸翻。这是在为后面做准备。

在最后一页画一个简单的图片。想一下这个图像会如何在你的电影里移动。

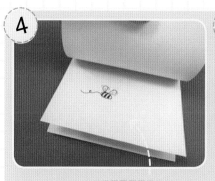

在倒数第二页上，画一个除了一小部分移动了一点点，其他部分都与之前图片几乎类似却有细微差别的图片，让上下图片看起来像是在做一个动作，比如某人抬动手臂的动作，或是一只蜜蜂飞起来的动作。

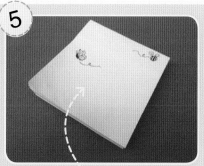

持续画上一系列的图片，每张图片上都只有一点点变化，直到画到最上面的一页。

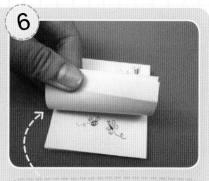

像第二步那样翻动，这次你的电影就会直接"播"出来，就像在电视上放映一个动画片。

 魔术背后的奥秘

不管你信不信，刚才演示的就是电影制作的基本原理。你刚刚还揭示了一件十分有趣的东西——那就是关于你的眼睛和大脑是如何看见移动的东西。传统电影和动画片就是通过飞快地展现一连串静止的画面（就像你刚才画的画那样）来放映的。

你所看到的图像不是忽动忽停的或者动作僵硬的，你的大脑将它们结合成一部不间断的流动图像。那是因为你看到的每个图像都会在你的视网膜上有短暂的停留，虽然停留时间比较短，但是对于运动中物体的下一个图像来说，已经足够了。

身边的科学

如果你去观看早期的无声电影，你会觉得放映的图像极不平稳。后来电影摄像机能够以每秒展现 16 张图像（静止的画面）的速度来放映，你看到的图像的动作就会更加舒畅。后来，许多摄像机的放映速度加快到了每秒展现 24 张图像。现代化摄像机的速度更快，有的竟快到每秒展现 60 张图像。这样的速度，足够"欺骗"观众的眼睛了。

如果这样会怎样？

你可以通过改变翻页的速度来试试，翻得越快，看起来就越逼真。短暂停留在视网膜上的图像，也叫作"存留的视力"。

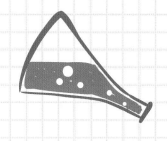
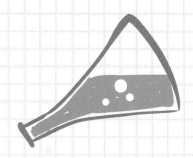

第四章
浮力和电力的魔法双人秀

肥皂动力船

准备材料

- 1 张约 7cm×12cm 的卡片
- 1 个水盆
- 水
- 1 把剪刀
- 洗涤剂
- 1 把直尺
- 1 支铅笔

你可能知道所有能让船动起来的方法：风、柴油、煤炭和蒸汽……但是如果我说肥皂能让船动起来呢？！这听起来很古怪，但你真的可以建造自己的肥皂动力船，快来试试吧！

用一把直尺和一支铅笔，在卡片两个短边中点处做标记。

用尺子来画两条线，连接一个短边中点和两个远角顶点。用剪刀沿线剪成三角形。

在距离另外一侧中点标记两侧 1.5cm 处画点，然后在这两个点的上方 2.5cm 处再画两个点。

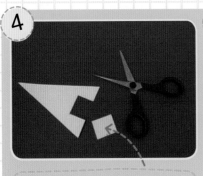

把四个点用直线连接，形成一个长方形，然后剪掉这个长方形。你可以把它想成安放船只"引擎"的地方，尖端则是它的船头。

把水盆盛入一半的水，然后把你的船靠边放在水面，尖的船头朝前。如果水面平静的话，船是不会动的。

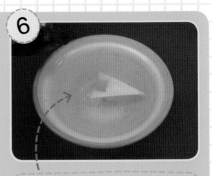

小心地在长方形"引擎"处滴几滴洗涤剂，就能看到船向前移动。

化学力和静电力能使水面聚集在一起，就像一片不可见的皮肤，我们称之为表面张力。有些小物品，如回形针，就是由于这一张力而能够停留在水面上。

加入几滴洗涤剂便破坏了静电力，那附近的表面张力就被打破了。但是其他部分的水面却没有受到影响，仍在表面张力的作用下向自己那一边拉。于是小船就这样被拉向前方了。

魔术背后的奥秘

小贴士！

一张目录卡片的大小是制作这只小船的理想尺寸。

如果这样会怎样?

如果你往小船的两侧滴洗涤剂会发生什么呢？把盆中水倒空，并用海绵彻底洗刷水盆（把上次滴的洗涤剂彻底清除），然后再剪一只小船来做这个实验。你的推测得到验证了吗？

身边的科学

水黾和其他一些昆虫利用表面张力来帮助它们在水面行走而不会掉进水里。它们同样用表面张力作为支撑力，这些昆虫长有长腿，伸向不同方向来分散它们身体的重量。

电动 UFO

准备材料

- 1 个轻的塑料购物袋，平整时大约宽 20cm
- 1 个气球
- 羊毛围巾或帽子
- 1 把剪刀
- 1 根铅笔或蜡笔

多年来工程师们曾尝试设计飞行时不会发出噪音和排放废气到大气中的飞行器。这个魔法秀可能会让你走上探秘之路——你将来甚至可能会造出飞碟！

1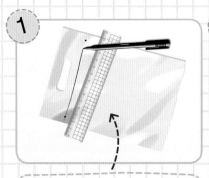

把塑料袋放在平整的桌面上。在塑料袋两个长边靠近开口大约三指宽的地方点两个点。

2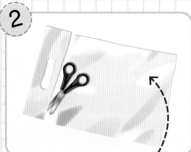

小心地从一个点剪到另一个点。

3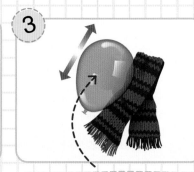

吹起气球并扎紧，然后用羊毛围巾(或帽子)快速地与它摩擦15秒。

4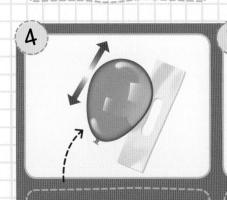

把那个你刚刚剪下的窄塑料条放在台面上，接着用气球与它摩擦15秒。

5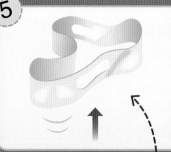

用一只手拿着气球，轻轻地摇晃塑料条，使其张开成环形。

6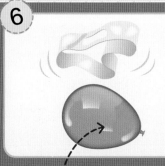

把塑料圈扔到空中，将气球快速移到它的下面。气球会让塑料圈一直悬浮着！

魔术背后的奥秘

我们周围的一切事物都由原子组成，原子的外围是带负电的电子，这些电子很容易被擦掉。这正是你在表演中用羊毛围巾摩擦塑料和气球时所做的。羊毛损失了一部分电子，而其他物体则获得了这些电子，它们带上了负电。

带有相同性质电荷的物体相互排斥（把对方往相反方向推），这就是过程中气球和塑料圈所做的事。塑料圈受地球引力的拖拽而下降，但又被电子间的作用力推了上去。

身边的科学

多年以来，人们不断报道 UFO。有些人认为这些神秘的无声飞行器来自其他星球。它们真的存在吗？如果存在，为什么它们飞跃天空或在我们头顶盘旋都悄无声息呢？

小贴士！

你可以尝试给塑料圈剪一些流苏。带有更多边缘的物体能够保存更多的电荷。

如果这样会怎样？

如果这个表演只是关于两个物体摩擦获得相同性质的电荷，那么如果只摩擦其中一个物体，比如说气球，会怎么样呢？做一个推测并自己验证一下吧。

被吸起来的胡椒粉

准备材料

- 盐
- 胡椒粉
- 白色晚餐碟
- 1 个气球
- 羊毛衫或羊毛围巾
- 1 个茶匙
- 1 小张纸

假如你不小心把胡椒粉倒到了半满的盐瓶里，现在盐和胡椒粉都混在了一起，而你需要把胡椒粉挑出来。这可能吗？如果你对带电粒子有一点点了解的话，所有问题将迎刃而解。

把大约两茶匙盐和两茶匙胡椒粉倒在盘子里。

用茶匙把盐和胡椒粉混合均匀。

试着用手指或茶匙挑出一些胡椒粉，但不能同时挑出盐。很难做到吧！

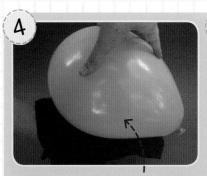

吹起气球并扎紧，然后用羊毛衫或羊毛围巾快速地摩擦它。

撕下少量（豌豆大小的）纸屑，把它们放在桌子上。拿着气球靠近它们，直到它们被吸到气球上。如果不行，再多摩擦一会儿气球。

现在缓慢地把气球凑近盘子上方。当气球靠近时，你会看见很多胡椒粉颗粒被吸到了气球上，而盐还在盘子里。

魔术背后的奥秘

当你摩擦气球时，一些电子（带负电的微粒）从羊毛转移到了气球上。这些电子给气球带来了负电，这种失衡被称为静电（static electricity）。

气球的负电把盐和胡椒粉的一些电子推开（记住"异性相吸，同性相斥"），剩下更多的质子（带正电的微粒）面对气球，所以胡椒粉跳起来了。那么盐为什么没跳起来呢？盐的带正电质子也动了，只不过盐比较重，所以无法这么快地跳起。

身边的科学

小贴士！

用精细的胡椒粉做这个表演效果更好。

"异性相吸，同性相斥"的原理能够被用于很多工业领域。磁悬浮列车看上去是悬浮在轨道之上运行的，这是因为列车底部和轨道表面同样都是带正电荷的。

如果这样会怎样？

你可以用带电荷的气球表演其他的科学魔法。稍微拧开厨房水龙头，使其流出细小而稳定的水流。缓缓地将气球靠近水流，水流便会改变方向。水和胡椒粉一样被气球吸引过来了。

表演杂技的吸管

"吸管，听我的命令：我的魔棒挥一挥，你就马上转起来。"这可不是科学家在做实验，而是你掌握了一个"魔法"——摩擦起电。

1

为了使瓶子放稳，请装上半瓶水，并拧紧盖子。

2

用羊毛衫（或羊毛围巾）反复摩擦两根吸管，约1分钟。

3

把一根吸管横放在瓶盖上，并保持平衡。注意手指不要直接接触吸管。

4

另一根吸管尽可能地靠近第一根吸管的顶端，使得两根吸管相距约5cm。

5

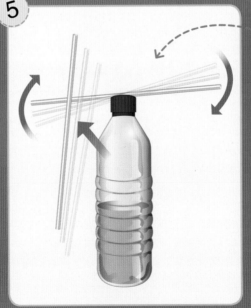

慢慢移动第二根吸管，使它更靠近第一根吸管。此时，你会发现第一根吸管开始旋转了。第二根吸管与第一根吸管之间会始终保持一段距离。试着拎起第二根吸管，并把它放到第一根吸管的另一端，此时你会发现第一根吸管又朝着与原来相反的方向旋转了。

魔术背后的奥秘

你现在可能已经想到了静电。是的，把气球或吸管与羊毛摩擦，就会使羊毛上的电荷发生转移。在这个魔法秀中，两根吸管都从羊毛衫上获得了很多负电荷。记住一个原理"同性相斥，异性相吸"。所以，当你把一根吸管靠近另一根时，它们"同性相斥"，看上去就像一根一直在追着另一根跑。

想一想，如果用你的食指来替换第二根吸管，第一根吸管还会转动吗？事实上，第一根吸管不但不会转动，反而会一下子被你的手指"吸引"过来。这是什么原理？因为你的手指上也带电，而且带的是正电荷，这就是所谓的"异性相吸"。

如果这样会怎样？

身边的科学

"同性相斥，异性相吸"的原理被广泛地运用在各类工业和工程项目上。基于这个原理，我们甚至能让天空变得更干净。发电厂的烟囱安装着高压电线（充满了正电荷），当微尘或飘浮物穿过烟囱时，就会自然而然带上正电荷。如果在烟囱的顶端放置一个负电荷收集装置，就可以吸附灰尘，避免它们被排放到大气里了。

自制电磁铁

你用过磁性冰箱贴吗？如果你想收集这些小磁铁，用手一个一个揭下来就行了。但这个过程可能很耗时——除非，你能把磁铁的磁场关掉，那它们就会一股脑儿落到地板上，你弯下腰捡起来就好了。

等一下，关掉磁场？

这里有一个科学魔法秀，能让你自由"操控"磁场。

1

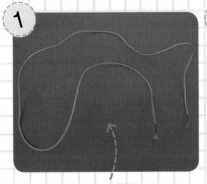

请大人帮忙，把电线两端包裹的塑料绝缘层各切除 2—3cm，露出里面的铜线。

2

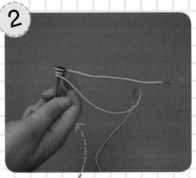

电线一端留出 15cm 左右的长度（不算已切除绝缘层的 2—3cm），把余下的电线紧紧缠绕在铁钉上。

3

在铁钉上缠绕电线时一定要仔细，千万不要让电线互相重叠。

4

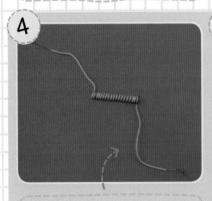
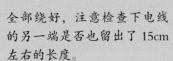

全部绕好，注意检查下电线的另一端是否也留出了 15cm 左右的长度。

5

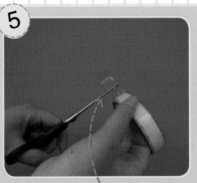

剪下两段 2—3cm 长的透明胶带，放在一旁备用。

6

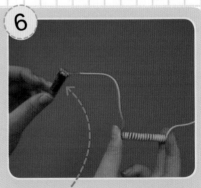

用胶带把电线裸露的铜线部分和电池的负极相连。

7

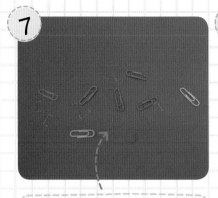

在桌子上随意放一些回形针或订书钉。

8

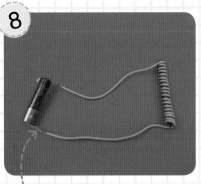

用胶带把电线另一端裸露的铜线部分和电池的正极相连。

9

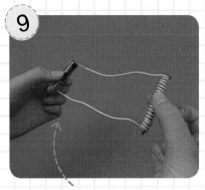

现在你就已经做好了一个电磁铁装置。

10

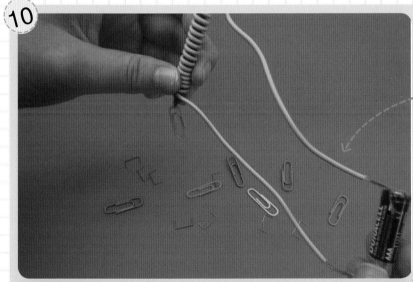

小心地拿好你做的这个装置：一只手捏在电池的中间，另一只手捏在绕着电线的铁钉的中间。

11

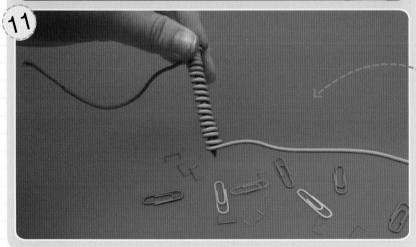

将铁钉靠近桌子上散落的回形针和订书钉，看看你能吸起多少来？

接下页

这个装置是电力和磁力的共同作用，所以也可以说是电磁力的一个例证。当你把导线连接到电池的两端，电子就会从电池的一极流到另一极。电子的流动（电流）经过导线时，会产生磁场。磁场会让钉子的铁原子重新排列，因此钉子就能够吸引其他金属物体（如回形针）。但是一旦你从电池上断开导线的一端，电流和磁场就会立刻消失。

小贴士！

不要长时间把电线连在电池的两端，它会发热！
绝对不要把你制作的电磁铁装置靠近任何电插座！

身边的科学

你的身边随处可见电磁铁。它们被用于各种电器，比如烤面包机、微波炉和打印机。工业上更会用到大型电磁铁。在某些工厂里，工业起重磁铁可以用来运送体积巨大的钢板或金属物体。

如果这样会怎样？

数一下你在刚才的魔法秀中吸起了多少回形针。然后预测一下——如果增加或减少绕在铁钉上的电线圈数，你会吸起来多少回形针？动手来验证你的猜想吧。

会吹泡泡的铅笔

只要用一些简单的设备，你就可以模拟制作宇航员在国际空间站中维持生命的装置，而这个神奇的装置用到的燃料居然是随处可见的——水！

这个科学魔法秀须由成人帮助完成。

准备材料

- 4 个鳄嘴夹，分别用导线连接成两对
- 1 个 6v 电池组
- 温水
- 2 支 2 号铅笔（不带橡皮头的）
- 1 个干净的广口玻璃杯
- 1 个卷笔刀
- 2 张足够大的卡片，要能盖住玻璃杯的敞口
- 1 个打孔机
- 盐
- 1 个汤匙

1

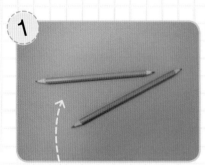

用卷笔刀把两支 2 号铅笔两头削尖。

2

往广口玻璃杯中加入温水，加满到接近瓶口。

3

在水中加入一汤匙盐，并搅拌均匀。

4

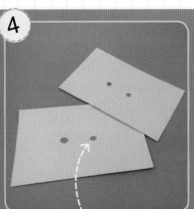

把两张卡片上下对齐重合，在离中心点 3cm 处用打孔机打出两个孔。

5

将这两张卡片盖在玻璃杯的杯口上，同时将两支铅笔分别穿过卡片上的两个孔眼，笔尖要接近玻璃杯底部。

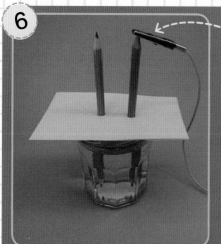

6

用鳄嘴夹夹住铅笔的石墨部分（也就是铅笔头），导线另一端的鳄嘴夹暂时不做任何操作。

第二支铅笔也是同样操作。每支铅笔的铅笔头都要用鳄嘴夹夹住。

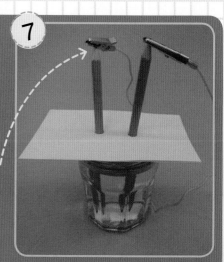

7

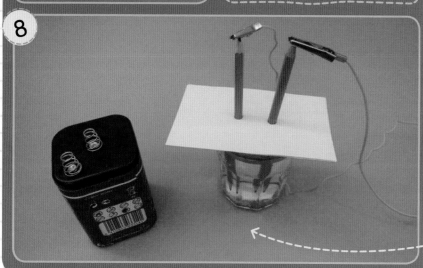

8

把电池组放在玻璃杯和铅笔的联合装置旁。

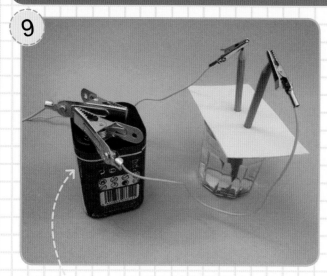

9

把空着的鳄嘴夹分别夹到电池组的两极上。现在导线连接的每对鳄嘴夹应该是一个夹在铅笔头上，另一个夹在电池组的电极上。

10

现在你就会看到，玻璃杯里的铅笔头附近开始冒出气泡。

魔术背后的奥秘

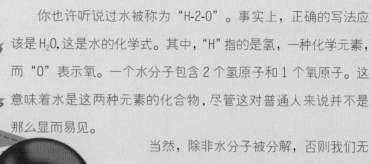

你也许听说过水被称为"H-2-0"。事实上，正确的写法应该是H_2O，这是水的化学式。其中，"H"指的是氢，一种化学元素，而"O"表示氧。一个水分子包含2个氢原子和1个氧原子。这意味着水是这两种元素的化合物，尽管这对普通人来说并不是那么显而易见。

当然，除非水分子被分解，否则我们无法看到氢气和氧气。现在我们所做的就是在分解水分子，而我们所用的方法叫作"电解"。一支铅笔冒出的是氢气，另一支冒出的是氧气。

如果这样会怎样？

是"电"把水里的氢和氧分解了开来。而你加入水中的盐就是电解质（electrolyte），它可以让水导电。如果把玻璃杯洗干净，在不加盐的情况下重做这个魔法秀，还能成功吗？想想为什么会不同呢？

身边的科学

氧气在很多封闭空间中都是珍贵的。绕地球运转的国际空间站从2000年11月投入使用以来，就是用电解的方法来产生氧气，以供给空间站的宇航员。而电解过程所需要的电则来自国际空间站的太阳能电池板。

会敲鼓的气球

你有没有听到过大人们抱怨："我不喜欢这些新的流行音乐。它们都是些电子玩意儿。"好吧，现在你有机会自己制作一些电子音乐，来吸引更多的"炮火"了。如果有人责怪，你或许可以找个借口说，这是在展示科学。

1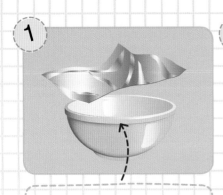

裁一张比碗口尺寸稍大的锡箔纸，盖在搅拌碗上。

2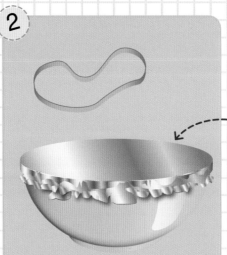

超出部分的锡箔纸正好用来包住碗口，并用橡皮圈固定住。碗口要包得尽量紧，就像鼓一样。

3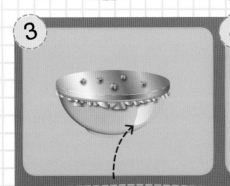

接下来再撕一小条锡箔纸，撕成指甲大小 5—6 片。把它们揉成豌豆大小的球状。然后把这些小锡箔纸球放在碗上的锡箔纸上。

4

吹一个气球，扎紧口，然后在你的头发上来回用力摩擦30秒。

5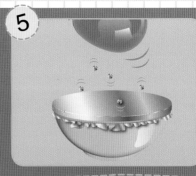

将气球靠近搅拌碗，上下晃动，并始终保持气球被摩擦的那面朝着搅拌碗。看吧，听吧，小锡箔纸球在你做的"鼓"上上上下下跳得可欢畅了。

魔术背后的奥秘

这个静电魔法秀展示了一个新特性：声音。过程中，静电的来源是你的头发。摩擦头发使得大量电子附着在气球上，因而气球被摩擦的那面带上了负电荷（因为电子是带负电荷的）。锡箔纸上带正电的质子被带负电的气球所吸引……但只有未被束缚的锡箔纸球才会被吸引着跳起来。因为你用橡皮圈把锡箔纸固定在了碗口，当纸球因弹跳而敲击平坦的锡箔纸时就在空气中产生了振动——这就是我们听到的声音。

如果这样会怎样?

稍微改变一下，可以产生另外两个不同的魔法秀。你来预测下结果是相同还是稍有不同，或者根本不一样呢？

第一种改变：还是使用同一个气球但是不摩擦；

第二种改变：做几个揉得很紧的锡箔纸球，尺寸大概是之前的 4 倍。

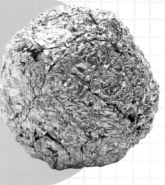

身边的科学

在这个魔法秀里，我们做了一个非常简单的电子鼓。从 19 世纪 60 年代以来，音乐家和工程师一起合作创造了很多先进的电子鼓。鼓手敲击看起来像橡胶一样的鼓面，而鼓里面的磁铁将每一次"敲击"转换成电信号。这些信号又沿着导线传到扬声器，再变成声音发出来。

会站立的回形针

准备材料

- 1 块 3cm 长的小磁块
- 1 根细绳
- 1 把剪刀
- 1 个带金属盖的玻璃罐
- 胶带
- 1 枚回形针
- 1 块小方巾
- 1 位值得信任的助手

下面这个科学魔法秀看起来就像魔术表演，却蕴含了一些最基本的科学原理。如果理解了其中的原理，你就可以穿上斗篷，变身成"魔法师"啦！

1 根据玻璃罐的高度剪下一段同样长的细绳。

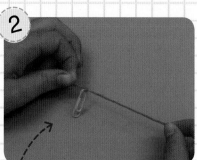

2 把细绳的一端系紧在回形针上。

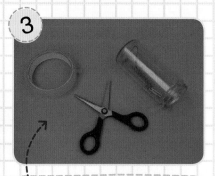

3 细绳的另一端用胶带粘在玻璃罐的底部。

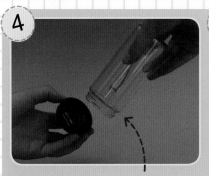

4 先用胶带把小磁块整齐地粘在金属盖内壁，再盖紧盖子，然后把玻璃罐倒放在桌子上。注意：不要让回形针太接近小磁块。

5 用手拿起这个倒置的玻璃罐，要让观众清楚地看到回形针此时是悬垂在绳子的末端的。

6 现在请你的助手出场，让他在玻璃罐前遮上一块小方巾，然后你要小心翼翼地把玻璃罐正过来。此时见证奇迹的时刻到了：当你的助手移走小方巾时，观众就会惊奇地发现回形针悬在了空中。

魔术背后的奥秘

在这个戏剧化的科学魔法秀中，磁力起了关键作用。实际上，真正的"魔法"就在于有两个力在交互作用、争夺回形针的控制权。"磁力"要把回形针拉向盖子里的磁铁，而"地心引力"却让回形针向下悬垂。但是，如果回形针接近磁铁到了一定程度（是接近而不是接触），磁力的吸引力显然就会比地心引力强大得多。

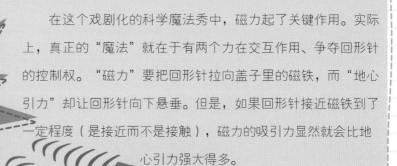

如果这样会怎样？

我们都知道磁力会穿透空气——这也就是这个魔法秀的奥秘所在。你可以多试几次，看看磁力还可以穿透哪些物质。你还可以尝试在磁铁和回形针之间放置一些不同的物品（比如，一块薄塑料片、一张白纸或其他薄的物品）。看看磁铁还能起作用吗？回形针会不会落下来呢？

身边的科学

磁铁和电磁铁在各行各业广泛使用，它们经常被用于起重或移动贵重物体。最常见的就是在货运码头，巨型起重机把起重臂上悬挂的磁铁降到集装箱内，金属货物就很容易地被吸起、移走，进行转运。

71

自制警报器

你想成为一名侦探吗？想不想像侦探那样轻而易举地就知道是否有人闯入了房间？方法其实很简单，跟我们一起来制作一个防闯入警报器吧，把它安置在向外打开的窗户上就行了。

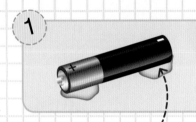

1

将强力胶挤出指甲盖大小的量在桌面上，把一节 1.5v 的电池（标记"—"的那端）粘在强力胶上。

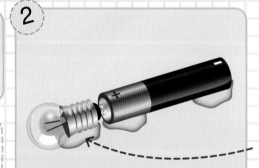

2

在电池的正极端（标记"+"的那端）下方也涂上少许强力胶，同时将小灯泡与电池的正极连通，小灯泡也要用强力胶粘在桌面上。按一下小灯泡使其接触电池的正极。

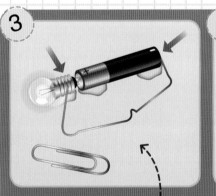

3

拿出一枚回形针，先将其展开，然后在回形针的一端弯出一个钩状（这是为了更有效地将小灯泡连接到电池的正极），另一端也要弯折并固定在电池的负极上。

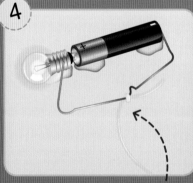

4

调整回形针以及强力胶的位置，使小灯泡牢牢地连接在电池的正极上，点亮着。剪下一段细绳，要足够长，能把电池和窗把手连接起来。

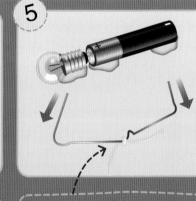

5

将细绳的一端小心地缠绕在回形针上，另一端系牢在窗把手上，记住，窗户一定是要向外打开的。这样警报器就设置好了：一旦有人开窗，原本亮着的灯就会立刻熄灭。

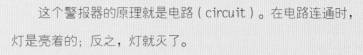

这个警报器的原理就是电路（circuit）。在电路连通时，灯是亮着的；反之，灯就灭了。

我们把细绳的一端缠在回形针上，另一端系牢在窗户上，然后将绳绷紧。这样，窗户一旦被打开，即使只是被打开了一点点，连接着窗户的细绳就被拉动了。

这样就会引发另一端被缠绕的回形针（"电路触发器"）随之被拉动而从电池上脱落下来。这样，电路就被断开了，小灯泡就不亮了。而这恰恰说明有人正在破窗而入。

魔术背后的奥秘

身边的科学

大多数防闯入警报器都是根据电路原理来设计的：只要电路连接被破坏，就会触发警报。在这个科学魔法秀中，警报器一开始是处在通电状态，如果灯灭了，就是电路被断开了，那也就意味着有不速之客"光临"了。

当然，有些报警器的设置与我们的魔法秀截然相反：触发安装在门或窗口的电路设置，反而会发出亮光或声音来报警。

如果这样会怎样？

如果你把一个一模一样的警报器放置在往里开（而不是往外开）的门或窗户上，会发生什么呢？快来试一试，看看和你预想的是否一样。

会潜水的回形针

这是全书中最快的一个科学魔法秀，快到在你说出"水分子"和"表面张力"这两个名词之前，已经揭示了它们背后的科学原理。

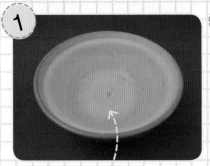

1 在水盆装水至将满。

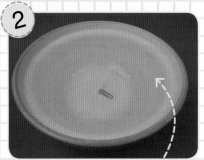

2 等水完全静止后，把一枚大约 2—3cm 的回形针扔到水面，它会沉下去。

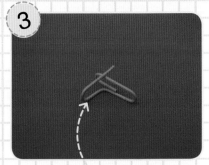

3 将另一枚回形针弯曲，使较长的线圈部分与其余部分构成直角。

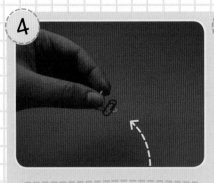

4 竖拿起弯曲回形针的短线圈部分，长线圈为底，形成一个 L 形的"支架"。再把另一枚回形针平放在上面。

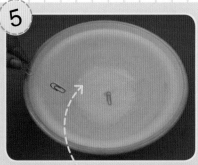

5 当回形针在上面停稳后，把"支架"回形针小心地降至水面，并将架在上面的回形针滑入水面。一旦这枚回形针漂浮不动了，就把"支架"别针滑开。

6 观察这枚在水中静静漂浮的回形针……在它漂浮时试着滴入几滴洗涤液，它立刻沉了下去！

魔术背后的奥秘

当用氢和氧结合形成水时，两者结合得到的是水分子。分子是原子的结合。两个氢原子与一个氧原子结合形成水分子。就是这些数万亿的分子结合在一起才形成我们看到的水。

一种被称为表面张力的电力将水分子紧紧链接在水面上。一些轻的物体（如回形针）甚至可以由于表面张力而浮在水面。但是肥皂液中的化学物质让这一链接"短路"，所以回形针就浮不住了。

身边的科学

物质的防水和吸水属性，对于许多行业和产品来说非常重要。比如，那些在这个魔法秀里打破了表面张力的化学物质在防水服装的设计中起着重要作用。毕竟，在制作防水服装时设计师首先需要考虑的是面料的防水性！

如果这样会怎样？

尝试不同的方式。还是用肥皂泡水，但是仔细地把另一枚回形针放在水面上，它会浮起来吗？为什么？

测量冰山

准备材料

- 1只气球
- 水
- 冰箱
- 1个水盆
- 1把尺子
- 1个塑料托盘

有句俗语叫"这只是冰山一角"，意思是说事情的全部远比你现在看到的要多得多。能展示在人眼前的"冰山一角"到底有多少呢？如果你愿意在前天晚上就开始做准备，或许你可以在厨房表演这个关于测量冰山的科学魔法秀。

1 用水龙头向气球里装满水，然后把口系紧。

2 把气球放到冰箱里，确保有足够的空间让它不被挤压。

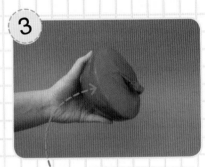

3 放一夜，第二天取出气球，气球里的水已全部结成了冰。

4 把气球放在塑料托盘上，测量它的高度。你可以把气球从冰上剥掉，如果不能也不要紧。

5 将水盆里装满大约三分之二的水，放入"冰山"，现在"冰山"应该是浮动的。

6 仔细测量从水面到"冰山"顶端的高度。现在比较你的结果与你前面量出的整体高度。

当若干冰川断裂到海里，就形成真正的冰山。它们成为浮动的大冰块，冒出水面的部分能高达 50m。但与你自制的冰山一样，这些巨大的冰山 90% 左右的部分仍在你看不到的水下。

在这背后"捣鬼"的是密度（density）。密度就是在给定的体积（或空间）里某物的重量。当水结成冰，它膨胀并变得比液态密度小。大约小 10%。正是这 10% 的变化部分冒出来浮在水面。

魔术背后的奥秘

如果这样会怎样？

等等！我们的冰山浮在淡水中，但真正的冰山漂浮在海里。当然，两者截然不同。嗯，不是真的截然不同：盐水的密度大一点，所以冰山会多露出一点……但不多。加些盐到你的水里，并记录下相关差异。

身边的科学

历史上最著名的沉船事件是泰坦尼克号沉船事件，1912 年 4 月号称"永不沉没"的泰坦尼克号巨轮沉没了，造成超过 1500 人丧生。它在远离加拿大海岸的寒冷水域撞上了冰山。现代舰船配备了电子设备以检测潜藏在黑暗水下的冰山。与泰坦尼克号相比，它们在冰山附近时更安全。

自己膨胀的气球

你有没有吹气球吹得喘不过气来？如果它们能自己鼓起来是不是就再好不过了？别忘了，你有科学魔法。下面这个科学魔法秀适合喜欢玩气球又不喜欢自己吹的你！

准备材料

- 1 个约 330ml 的塑料瓶
- 1 只气球
- 冰箱
- 热水
- 水盆

1

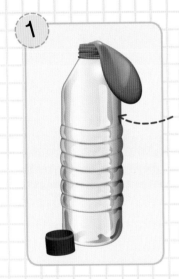

把气球套在塑料瓶瓶口上，确保它套住瓶口的所有缝隙，并且牢固。

把塑料瓶（带着气球）放进冰箱冷冻 30 分钟。

2

3

在 30 分钟快到的时候，在水盆里倒入三分之二的热水。

4

把塑料瓶从冰箱里拿出来，立在热水里，确保塑料瓶瓶口高出水面。

5

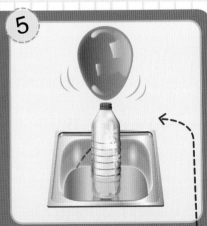

下面是见证奇迹的时刻——气球开始膨胀了！

78

魔术背后的奥秘

空气是由许多许多分子组成的气体（这些分子本身就是原子的组合）。分子变暖后移动的距离更大，占据的空间更多。冷下来，移动的距离较小，占用的空间也较少。

瓶子和气球里的空气在冰箱里时"压缩"了，但出来后又再膨胀，当在热水中加热时，就膨胀到足以填充气球。

小贴士！

用热水时一定要小心，不要烫伤！

如果这样会怎样？

拿几个气球在不同的温度下重复这个实验，比如说，冷天在室外，或者在冰箱里。记录你的结果。

你也可以试着把一个气球套在瓶子上，就把它留在那里，在室温下放在桌子上 30 分钟。结果如何呢？

身边的科学

许多液体加热后会产生气体，占据更多的空间。蒸汽机通过加热水，使水变成水蒸气来运作。水蒸气膨胀，推动机器前后运动，或者转了又转……水蒸气甚至能给又大又重的火车提供动力！

吸引冰块的绳子

下面这个科学魔法秀能让你好好地在朋友们面前"秀"一把。要知道，能不碰冰块就提起它的魔术师可不多哦！

准备材料

- 1 个冰块
- 1 个盘子
- 1 根绳子
- 1 把剪刀
- 少许盐
- 1 个茶匙

1 把冰块放在盘子上。

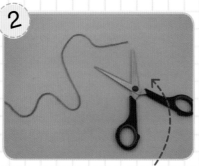

2 剪出一根手臂（肘部以下）那么长的绳子。

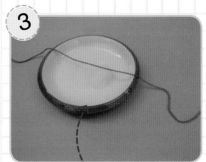

3 把绳子放在冰块上，两边的长度相等。

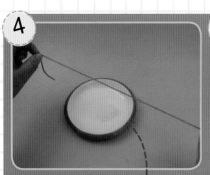

4 抓住绳子的两头并提起。冰块依然在原处。

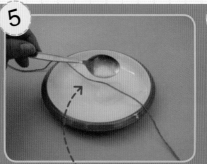

5 把绳子再放在冰块上。在冰块上撒上半茶匙盐，等待30秒。

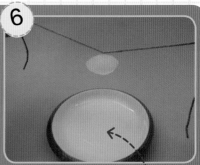

6 再抓住绳子的两头，小心地提起。冰块被提起来了！

魔术背后的奥秘

也许你见过在冰冻的天气里人们把盐撒在路上，或者卡车在路上撒盐以减少路面结冰打滑。这是因为盐中的化学物质与水发生反应，降低水的熔点和冰点。这样在温度低于正常凝固点 0℃时，水仍然是液态。

我们这个科学魔法秀用的是同样的原理。盐降低了冰块的熔点，让绳子陷入。但是随后盐水变稀，一些盐水从冰块上流了下去。顶层的水再次凝结成固体冰，把绳子冻在里面了。

如果这样会怎样？

你知道制作冰淇淋的秘诀吗？需要把奶油迅速冷冻才能做出好吃的冰淇淋，所以在家里做冰淇淋时常使用盐。装有奶油和糖的容器放进另一个装有盐水的容器里。冷冻的盐水比普通的冰更冷，帮助奶油混合物更快地冷凝。

身边的科学

盐能保持路面不结冰，但需要小心使用。过多的盐可以与融化的冰混合，伤害附近的动植物。

第五章
变来变去的视觉魔法

不能相融的水

物体的温度改变，它的外观和触感也会随之改变。想一想蜡烛化成蜡油，或者流水凝结成冰。但是当物质的一种样态碰到它更热或更冷的另一种样态，那会发生什么呢？结果可能让你目瞪口呆……

准备材料

- 2个大小一样的广口杯（果酱瓶就很好）
- 2片纸板，尺寸比杯口略宽
- 1个汤匙
- 红色食用色素
- 蓝色食用色素
- 冷水
- 热水
- 1个搅拌碗

① 把冷水和热水分别倒入两个广口杯，倒满。

② 冷水杯里滴几滴蓝色色素，摇一摇；热水杯里滴红色色素，也摇一摇。

③ 把热水杯放进搅拌碗。

④ 将纸板小心地盖在冷水杯口。检查一下，确信纸板完全覆盖住杯口边沿。

⑤ 一只手抓牢冷水杯，另一只手按在纸板上，让它紧盖杯口，不留一丝空隙。

84

6

将冷水杯小心地拿到搅拌碗那里，底朝上放到热水杯上方。原先按在纸板上的手移开，（纸板已紧贴在杯口边沿）此时将冷水杯放下。

7

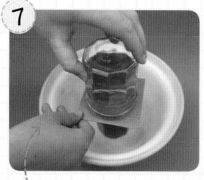

将两个杯子口对口合上，然后一只手拿着上面的杯子，另一只手小心将纸板拉出来。如果零星溅一点水出来，不必在意。

8

你会看到两种颜色相混相融，蓝色下沉，红色上升。几分钟后，两个杯子里的颜色都成了紫色。

9

小心地打开两个杯子，将水倒进搅拌碗。

10

将两个杯子再次充满，还是红色滴进热水，蓝色滴进冷水。

11

这一次，先将蓝杯（冷水）放在搅拌碗里，将纸板盖在红杯上。

12

像先前一样将两个杯子口对口合上，随后小心地拉出纸板……等等！这下两种颜色始终保持分开。

接下页

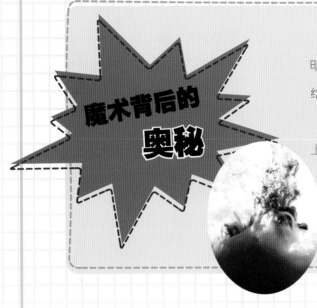

魔术背后的奥秘

这个科学魔法秀是关于物体密度有力而有趣的证明。当水加热时，它的密度变小；这个表演中的水是在给定的容器即同样容积的广口瓶里。

所以，当你将蓝色的水（冷水）放在红色的水（热水）上面，较重的冷水下沉，与热水融合，并挤压热水上升，冷热融合，红蓝颜色也融合为紫色。在第二阶段，当把较小密度（较轻）的热水放在上面，冷热水和红蓝颜色都会保持分离。

如果这样会怎样？

这个科学魔法秀主要聚焦密度和温度。试着稍作调整，让两个杯子里水的温差小一些。每次表演时，测量一下每杯水的温度。

你能预测吗？什么时候温差会小到无法让颜色不同的水融合？

小贴士！

热水较热即可，不能太烫。小心别烫伤自己！

身边的科学

研究洋流的科学家们，需要了解海水运动中温度的最细微变化。那些细微的变化影响着海水的密度和运动。太平洋里一些洋流的不同，会影响整个地球的气候变化。

烤冰淇淋

"嗯，你们会有一些烘烤冰淇淋做甜点。" 烘烤冰淇淋？！不可能！当然，也不一定，如果你能让科学和烹饪合作无间的话。请家长来帮忙一起完成这个科学魔法秀。

准备材料

- 1 升香草冰淇淋
- 1 个 20cm 的海绵蛋糕
- 3 个蛋清
- 200g 细白砂糖
- 塔塔粉
- 1 个茶匙
- 1 个餐匙
- 1 个食品搅拌器
- 冰箱
- 烤箱
- 1 个大的搅拌碗
- 1 个烤盘
- 2 张 40cm 长的锡箔纸
- 1 个铲子

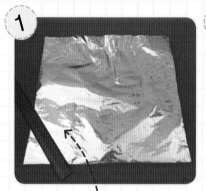

撕一张 40cm 的锡箔纸，平摊在台子或桌子上。

将蛋糕平放在锡箔纸中间。

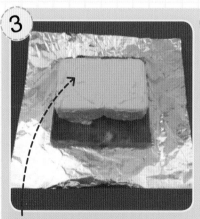

将那块冰淇淋放在蛋糕中间。

蛋糕应该超出冰淇淋 3cm。必要时，适当切除部分蛋糕或冰淇淋。

轻轻地另盖一张锡箔纸，然后放在冰箱里 15 分钟（以冻硬）。

6

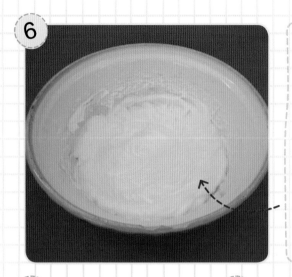

烤箱预热至220℃。当接近15分钟时,将蛋清和塔塔粉用搅拌器打到隆起变硬。

7

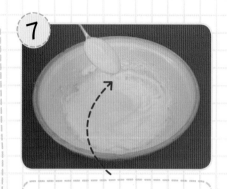

加糖,每次一汤匙,加完再打。

8

把蛋糕和冰淇淋移到烤盘上,将上面轻轻盖着的锡箔纸拿掉,底下的锡箔纸保留。

9

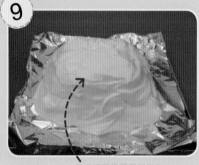

用铲子将蛋清混合物平摊在蛋糕和冰淇淋上。确保盖住一切,甚至盖到外面一点。

10

在蛋清混合物上做出一些装饰性的旋涡。将蛋糕放入烤箱烤5分钟。

11

取出后,切成片。外面会烤得焦黄,而里面的冰淇淋还是冻着的。

魔术背后的奥秘

这个魔法秀是关于隔热的，不过与我们所看到的正好相反。一般来说，我们想到隔热，就是一种将热量包在里面的，比如在一件大衣、一幢房子或其他建筑里面。

烤冰淇淋是把热量隔在外面，那样就不会让冰淇淋融化。它外面的蛋清层叫作隔热蛋白酥。打蛋清打进大量的空气，直到让它蓬松起来，而空气是绝好的隔热材料。只要想一想你在充满空气的羽绒被里舒服、温暖的感觉，就不难理解空气的隔热程度了。

小贴士！

请一位家长帮忙打蛋清和使用烤箱。当然，作为报酬，你可以请他品尝你的烤冰淇淋！

如果这样会怎样？

如果你烹烤更长时间且温度略低，会怎么样？冰淇淋会化掉。你唯一需要烹烤的只有外层。时间稍长，即使温度略低，也意味着热气会穿越进里面。就像在热天，你将棒冰放在盘子里让它融化一样。

身边的科学

住在靠近北极的因纽特人以雪块建成拱形圆顶屋、小别墅和栅栏而闻名于世。拱形圆顶屋的隔热作用就像我们烤冰淇淋的外层蛋白酥。雪块中充满空气包，正好起到隔热物质的作用。当然，拱形圆顶屋的隔热思路是将热量保存在里面，而不是外面。

自制热气球

准备材料

- 2 张 50cm×75cm 红色绵纸
- 2 张 50cm×75cm 蓝色绵纸
- 水性胶
- 1 把剪刀
- 1 支笔
- 1 张卡片
- 1 个吹风机

如果穿越到 200 多年前，你若能表演下面这个科学魔法秀，就能使自己离开地面一两米，它的原理也是制作喷气式飞机和直升机的基础。通过这个科学魔法秀，你可以自己制作热气球，起飞吧，少年！

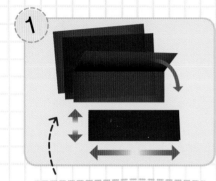

1

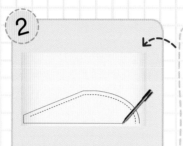

2

制作卡片模板，左侧垂直高为 5cm，长为 60cm。

将每张绵纸沿着短边对折，这样尺寸就变成 25cm×75cm，把纸放下，让折叠的边沿朝着自己。

3

在四张绵纸上依照卡片模板尺寸进行裁剪，长 60cm 的边应该沿着绵纸折叠的那条边。

4

剪切好后，把它们都打开。如图所示，把四片绵纸粘在一起。小心粘贴，确保热气球口也即是 5cm 接口处是敞开着的。

5

让热气球口直接对着吹风机口，打开吹风机的热风。看着热气球慢慢膨胀，随后放飞它！

魔术背后的奥秘

最早的载人飞行工具诞生于1783年，用的就是和我们这个科学魔法秀类似的方法。那一年，约瑟夫·拉尔夫·孟格菲和雅克·艾帝安·孟格菲兄弟在一群目瞪口呆的法国观众头顶，成功试飞了世界上第一个热气球。

他们使用了一个很简单的原理，即把他们制造的热气球中的空气加热，使其密度明显小于周围空气。也就是说，只要热气球里的空气是热的，它就会始终飘浮在空中。

如果这样会怎样？

如果你使用吹风机的冷风，便会发现与热气的效果完全不同。想想那样会发生什么呢（或不会发生什么）？

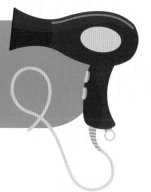

身边的科学

热气球目前仍是空中游览最流行的方式……不过用的是巨大气球和大量加热炉，而非少数人的人工工作。所以现代飞行器在它们的"热气球"部分使用氦气等气体。和加热了的空气类似，它们的密度远小于周围空气，事实上，真是比空气"更空的气"！

小贴士！

当你给热气球充气时，请一位大人帮忙在吹风机口上方拿着热气球。

小心别把热气球太靠近吹风机。

91

神奇的灭火器

热气球和飞行器能够在我们上空漂浮，因为它们"比空气轻"。这里的魔法秀展示了怎样制造"比空气重"的气体。正确掌握它，今后你有可能成为一名消防员！

准备材料

- 1 个 1 升的搅拌碗
- 2 汤匙醋
- 3 汤匙小苏打
- 2 个茶光蜡烛
- 1 盒火柴
- 1 个带嘴的壶

把小苏打放入搅拌碗里，摇一摇，让其在碗底均匀分布。

把醋放在壶里。

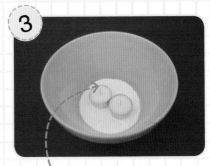

把两个茶光蜡烛放在碗里，尽量放在碗中间。

请一位成人帮忙把蜡烛点着。

等 15 秒，让两个蜡烛都烧旺些，然后把醋倒入碗里，注意不要直接对着蜡烛倒。

观察会发生什么？特别注意观察火焰，它们应该会迅速熄灭！

魔术背后的奥秘

这个魔法秀是个很好的办法，让我们看到气体的"小把戏"。空气由许多不同气体组成，而燃烧所需要的只是里面的氧气。当你将醋倒在碗中的小苏打上，它们的反应会产生另一种看不见的气体：二氧化碳。

这是十分有趣的。二氧化碳密度比空气大，所以它会下沉到空气底部。当碗里开始充满二氧化碳，空气就被挤到碗外。没有了氧气，蜡烛的火焰就被扑灭了。

小贴士！

表演时，让成人帮忙点蜡烛。

如果这样会怎样？

试试做个同样的表演，不过蜡烛稍长。你可以用生日蜡烛，将它们插在橡皮泥里（再放入碗里的小苏打上）。你认为蜡烛熄灭的时间会变长吗？

身边的科学

灭火工作既重要又危险。消防员需要根据不同的燃烧材料选择合适的灭火方法。高压二氧化碳是一种灭火材料，它常常用来扑灭涉及电子设备的火灾。

二氧化碳变恶龙

只要一点点科学花招，你就可以将一只日常家用橡胶手套变成一条外表狰狞的龙。这又是一个看上去神奇却基于化学知识的魔法秀，也许你需要在魔术师的帽子和科学家的白大褂儿之间先做出选择了。

准备材料

- 1只弹性橡胶手套
- 醋
- 小苏打
- 大汤匙
- 签字笔或马克笔
- 玻璃杯（杯口要正好被手套口紧包）

1

在手套上画出一条龙的狰狞面孔，在手指上画出龙的角和它喷出的烟柱。

2

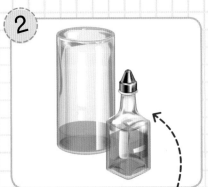

杯子里放入3汤匙醋。

3

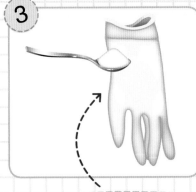

手套口向上，手指垂下，向里面灌进两汤匙小苏打。确保小苏打都进入手套的手指里面。

4

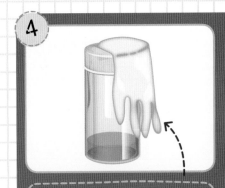

保持手套松弛，手指下垂，将手套的腕口部位紧扣在玻璃杯口上。

5

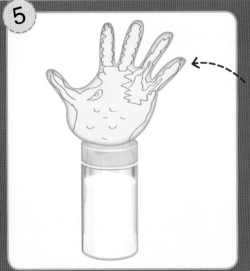

抬起手套的手指头部，让小苏打落进玻璃杯里。你会看到手套开始膨胀，越来越大，直立起来。一条碳龙就闪亮登场了！

魔术背后的奥秘

这个魔法秀中产生了不止一种科学效果！不同物质混合起来会生成第三种新的物质，在魔法秀中一种液体（醋）加上一种固体（小苏打）生成了一种气体（二氧化碳）。

最终产生的二氧化碳将弹性橡胶手套充满，露出龙的狰狞面容；而另一种物质，弹性橡胶使手套可以像气球一样膨胀。

如果用羊毛手套而非橡胶手套表演这个魔法秀会怎么样呢？先预测一下，再记录下你的发现。

如果这样会怎样？

身边的科学

反应相似的物质会被归类为一组。小苏打是一种碱性物质，当它遇到另一种被称为酸的物质时，就会产生强烈的化学反应。醋里面有酸，还有好多食品也含酸，特别是柑橘类水果，比如橘子、柠檬和青柠。这个魔法秀如果不用醋酸，而用柠檬汁，效果也一样好。

自制火箭

准备材料

- 1 个护目镜
- 1 个大汤匙
- 1 个小汤匙
- 1 个带顶盖的糖罐
- 小苏打
- 醋
- 剪刀
- 透明胶带
- 硬纸板
- 尺子

5，4，3，2，1……火箭发射！相信你在电视上一定看到过火箭发射的场景，那么是什么把那么大的火箭推上了高空呢？在这个科学魔法秀中，我们一起来探寻答案。为了安全起见，要确保有成人帮忙，而且在你开始前，要读一下"小贴士"！

1

将硬纸板剪出 3 个等边直角三角形，每条边长度 3cm。

2

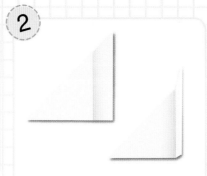

每个等边三角形的一边折进 1cm。

3

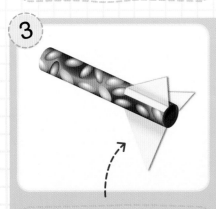

将糖罐倒置（盖子在底下），把 3 个三角形粘在上面成为 3 个翅膀。

4

将罐子正过来，打开盖子，加进一大汤匙醋，请成年人放进半小汤匙小苏打。

5

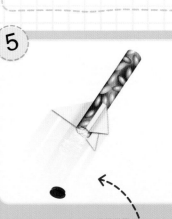

将盖子盖回来。现在罐子应该摆放在步骤 3 一样的位置。静等 10—15 秒，直到火箭发射！

魔术背后的奥秘

事实上，你所加入的小苏打和醋中的酸在罐中发生反应，反应所产生的二氧化碳将你的火箭推动升空。关键是反应的速度——二氧化碳产生的速度——能量蓄积的速度。

反应所产生的气体容积，大大超过了糖罐的空间。气体对于糖罐内壁的压力越来越大（反应产生的气体越来越多），直到它发现罐壁最弱的地方就是糖罐的上盖部位。于是糖罐上盖被顶开，糖罐就像火箭一样发射出去！

如果这样会怎样？

猜猜看，如果不用醋而是用水，不加入小苏打而是维生素片，那样会发生什么？

小贴士！

应该由成人戴上护目镜，装载和发射火箭。

这个表演会很脏乱，最好在户外做。

如果火箭没有发射，起码要等1分钟以上，直到成人细心检查一下。

身边的科学

你乘车时体验过成千上万次这种"魔法"。汽车的火花塞点燃燃料，燃料变成气体推动汽车活塞，进而活塞驱使汽车前行。赛车上这种反应的速度更快！

铅笔插入塑料袋会怎样

科学始于好奇和探寻，有科学家会这么问："如果我把一支铅笔刺进装满水的塑料袋，会发生什么？"也许你可以回答这个问题，并给出让人意想不到的答案！

准备材料

- 1个密封性好的塑料袋
- 3支削尖的铅笔
- 水
- 水盆

1
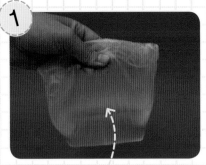
将塑料袋装上一半水。捏好（封好），以便你的食指和大拇指能够提住它。

2
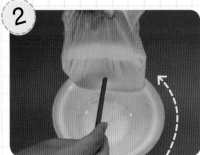
将塑料袋小心地拎到水盆上方，在水位线上小心地刺入铅笔。

3
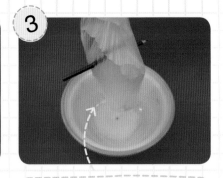
继续慢慢地刺入铅笔直到它能完全透过整个塑料袋，塑料袋两边都透出头来才停下。

4
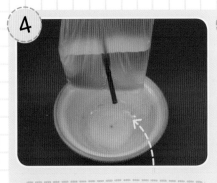
拿开你握铅笔的手，此时铅笔会保留在塑料袋里，也没有水渗出来。

5
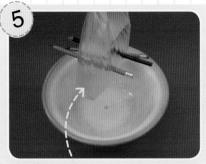
现在让这支铅笔保持不动，慢慢地将其他两支铅笔也刺穿塑料袋，直到两头也分别探出。

6
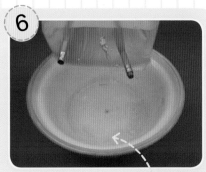
现在仍拿好塑料袋，将第一支铅笔抽出，看水流涌出。

这个科学魔法秀向我们展示了一种非常普通的材料——塑料的神奇之处。大部分塑料都由高分子聚合物的分子链构成，这种聚合物链很有弹性，所以它们很容易伸展或收缩。

锋利的铅笔尖刺入塑料袋时，一些聚合物分子链被推开。当尖孔越来越大时，塑料聚合物也在持续伸展，然后围着铅笔收缩，紧紧堵上漏洞。这有点儿像你把毛衣从头上脱下，毛衣的领部会变大以便头能穿过去，然后当你穿上毛衣，领部又会收紧。

小贴士！

这个魔法秀只是结尾时有些脏乱，不过还是小心些，别在怕湿的物品旁做。

如果这样会怎样？

充好一个气球，扎紧它。请一位成人将一根烤肉铁签在靠近打结的地方插进去并从另一边穿出去（那里的橡胶皮还是较厚的深色）。气球不会爆炸！橡胶也是聚合物，它给铁签让开了位置。

身边的科学

聚合物的弹性被广泛用于工业中，从汽车、卡车到服装的人造纤维。举个例子，莱卡，也叫易韧达，就是以其梦幻般的伸缩性而闻名的一种合成纤维，它广泛应用于运动服，在专业自行车运动员那里的使用尤为普遍。

牛奶能变成塑料吗

准备材料

- 全脂牛奶（不要脱脂牛奶或半脱脂牛奶）
- 1 个量杯
- 1 把小汤匙
- 白醋
- 1 个煮锅
- 1 个直径 15cm 的筛子
- 1 个直径 15cm 的搅拌盆
- 1 个餐盘

你知道牛奶可以变成酸奶或奶酪，但是你知道它还能变成塑料吗？下面这个神奇的科学魔法秀，你就可以挥动科学的魔棒，把牛奶会变成仿真塑料。不过为了安全起见，过程中记得请一位成人帮忙。

1

将 250ml 全脂牛奶倒入煮锅，请一位成人帮忙慢慢煮热。

2

当牛奶煮热还没有沸腾的时候，将锅从火上拿开。放入 4 汤匙醋。

3

继续搅拌 1 分钟。

4

把筛子放在搅拌盆里，将牛奶透过筛子倒入盆中。当液体都穿过滤网，留下的是一些块状物。

5

把那些块状物放在餐盘或碟子里冷却，然后把它压进橡胶球或其他形状里去。放一两天，它就会变硬，变成塑料一样的东西。

你可能在做可可或粥时多次加热牛奶，即使它们后来冷却，也没变成橡胶或塑料状，那么这和我们刚才做的不同之处显然就是加入了醋酸。醋酸的化学效应帮助你将牛奶变成了形状和触感上完全不同的塑料。

醋酸将牛奶中的液体和固体分离开来了。液体透过滤网流走了，剩下的固体部分是脂肪和一种叫作干酪素的蛋白质。构成干酪素的分子连在一起就像塑料分子一样。

魔术背后的奥秘

如果这样会怎样？

是醋酸触发了这个科学魔法秀的关键反应。为什么不试试用柠檬汁（同样含有酸）看看是否管用？就像科学家们常常建议的：先设想，再验证。

小贴士！

你需要一位成人始终在场，尤其是全脂牛奶在炉子上加热的时候。

身边的科学

这个表演中的关键要素——干酪素，在许多方面都有应用，从制造绘画和胶水，到牙医加固牙齿。你吃比萨时是不是奶酪丝越拉越长？便是因为比萨上面的奶酪里含有干酪素。

101

分层的液体

你可以想象把很多东西堆积起来，比如盘子、碟子、食谱，甚至蛋糕。但是你有没有想过怎么把液体堆积起来呢？不是用瓶装液体这种堆积，而是就液体本身的堆积层叠。怎么，你觉得不可能？那是因为没有挥动你的科学魔棒！

准备材料

- 1个玻璃广口瓶（例如果酱瓶）
- 1把尺子
- 1支签字笔
- 食用油
- 稀蜂蜜
- 水
- 1枚硬币
- 葡萄
- 玉米片

1 量一下广口瓶的高度，将它分成三份。在它从底向上三分之一的地方用签字笔作个记号。

2 从记号向上同一个高度再画一个记号，现在广口瓶就被等分为三段了。

3 小心倒入蜂蜜达到第一个记号。

4 接下来倒油进去，至第二个记号，如果你能将油顺着内壁倒下去，效果会更好。

5 最后把水倒进去直到瓶口。现在你已经有了一个层叠的液体了。

6 轻轻放进一个硬币，接着是葡萄，最后是玉米片——它们应该分别停在底层、中间和最上层。

魔术背后的奥秘

这个科学魔法秀里，液体按照其密度堆积。密度最大的（给定体积最重的）沉到底部，其他的堆在上面。按照密度从高到低的顺序，你会看到蜂蜜密度最大，其次是油，最后是水（它停留在最上面）。

你扔进去的东西会穿过所有比它密度低的物体，而停留在密度比它大的物体上。这就是为什么有些物品漂浮在海面上，而另一些物品则沉入海底。

如果这样会怎样？

如果广口瓶有盖子，可以将它盖好，然后慢慢将其翻倒倒立。假设一下会发生什么。等几分钟，看看结果是不是和你假设的一样。

身边的科学

油有时会溢出油井，而油轮的密度比海水低，那就意味着它会浮在海面上。如果清洗人员在油冲刷到堤岸之前到场，就可以尽力在海面上搜集。虽然这样的清洗工作非常辛苦且成本高昂，但是比起让油伤害野生动物、毁掉海滩，还是好得多。

会处理压力的冰块

关于人生，我们可以跟着冰块学到些什么。是的，你没有看错，就是冰块。只需要观察一小块冰块在生死关头时怎样面对压力。如果能在冷气室中表演这个科学魔法秀，效果会更好。

准备材料

- 1 个酒瓶大小的细脖子玻璃瓶
- 1 个软木塞（大小正好可以塞进瓶口）
- 1 根 40cm 长的绳子
- 冰块（保存在冷冻箱里直到需要用它时）
- 2 个扳手
- 锋利的刀子

1

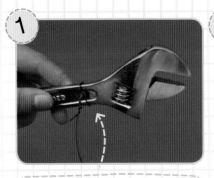

将绳子的两头分别系在一个扳手或小的重物上，然后把手指放在绳子的中间看看它们悬挂的效果。

2

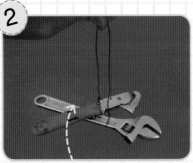

调整、再次固定，直到每个扳手都挂得很平稳。将软木塞安置在瓶口。

3

如果软木塞的底端太大，请一位成人用刀子把它削小一点。

4

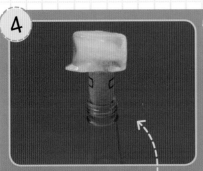

将冰块放置在瓶口木塞上，确保它放得很稳当。

5

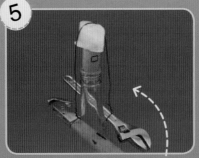

将绳子跨放在冰块上，使两个扳手（或其他小重物）可以悬挂在瓶子两侧。

6

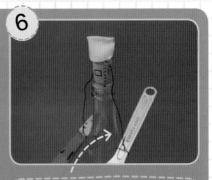

等一下，观察一下绳子如何直接穿过冰块。但是最后冰块似乎并没有改变什么（并没有断开）。

魔术背后的奥秘

关于这个科学魔法秀的原理可是有些争论的，也许你的意见会帮助科学家们得出最终结论。首先，大家在这一点上达成共识——冰块在绳子贯穿后又重新结冰。为什么会这样呢？为什么融化的地方会重新结冰？

一种理论认为压力导致水的熔点降低，压力消失后（绳子已经穿过），水就再次冻结。另一种说法认为绳子传导热量（穿过冰块时），热量正好能让冰融化。你怎么认为？

如果这样会怎样？

你可以通过微调物体来试图解决"冰块的秘密"。试着在冰箱里表演这个魔法秀（冰箱门一直开着以便观察）。接下来发生什么？如果在冰柜里做呢？

身边的科学

人们对滑冰原理的激烈争论与此相似。是摩擦力（冰刀摩擦冰面）融化的一点冰，让冰刀可以滑动，还是冰刀给冰面的压力降低了冰的熔点？

在蛋壳上行走

你可能常听人说"如履薄冰",这有个类似的说法"行走在蛋壳上",这两种说法的意思都是做事需要万分小心,无论是薄冰还是蛋壳,都太容易碎裂了。不过,蛋壳可能比你想象中的要"坚强"得多。一起来看看蛋壳的"承受力"到底如何。

准备材料

- 4 只蛋,另外再加 2 只,以防意外破碎
- 透明胶带
- 1 把小的锋利剪刀
- 几本大厚书,比如电话簿
- 小的搅拌碗
- 汤匙

1

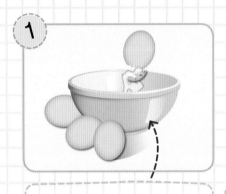

4 只蛋放在碗边,轮流拿起每只蛋的大头,用汤匙敲开蛋的小头。

拿掉蛋壳的极小一块,将蛋清和蛋黄都倾倒在碗里,留作烹饪时使用。

2

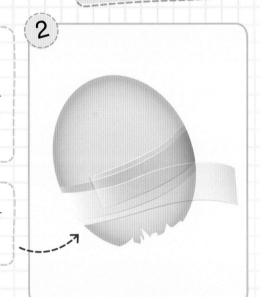

小心将透明胶带粘在每只蛋壳的最大圆周处。

3

用剪刀沿着透明胶带的中间剪开,做成大小一样的 4 只蛋壳半球体。

4

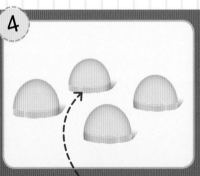

将 4 只半球体蛋壳在柜台或桌子上排成四方形。

5

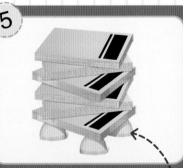

慢慢地将一本书放在蛋壳四方形上,蛋壳不会破碎!看看你加到多少本书,它们才能倒塌。

魔术背后的奥秘

如果你看到母鸡坐在一只蛋上，那只蛋一定是蛋头向上的，否则会很轻易压碎它。因为鸡蛋具有最"坚强"的结构——它们是圆顶形的。

一个圆顶能够均匀地分散顶部的压力（即那些书或母鸡的重量）到自身每一部分。没有哪个部分所承受的压力会比别的部分更大。那就是为什么对于大型建筑物的设计来说，圆顶或拱形结构（拱形结构也均匀地分散压力）是如此重要。

如果这样会怎样？

如果蛋壳从侧面向上而非垂直向上放置，会怎样？你需要用一根针刺破4只蛋的两个尖端，然后用较粗的牙签探进去，用一根吸管透过洞口将蛋清和蛋黄吸到碗里。将空的蛋壳侧放排成一个四方形，然后重复其他步骤。想想看，这一次可以支撑几本书？

小贴士！

敲蛋壳的时候，请一位成人帮忙。

身边的科学

许多世界上最美的建筑物——泰姬陵、圣保罗天主教堂、美国国会大厦——常可见到圆顶状。它们从外面看很宏伟，内部也能提供更多的空间。毕竟，有了圆顶承受重压，就不需要看起来杂乱的横梁和圆柱了，这无疑会节约空间，使人的视野更开阔，使建筑看起来更恢弘。在1300多年里，直到佛罗伦萨大教堂建成之前，罗马的万神殿都是世界上最大的圆顶建筑。

醋做的维苏威火山

地表下的能量往往要经过数百甚至数千年的积蓄，才能冲破地表，触发火山喷发。你是否试过做一个"迷你版"的火山喷发呢？不要犹豫，"迷你版"的维苏威火山触手可及！

1 将 350g 面粉、250g 盐、250ml 热水、两大汤匙烹饪油放入搅拌碗中。

2 用木勺搅拌，直到碗中的混合物紧实、顺滑。

3 这个混合物将会用来做火山的斜坡。如果太稠，多加一点儿热水。

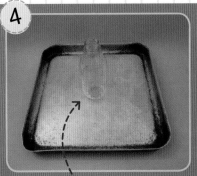

4 把塑料瓶放在烤盘的中间。

5 用勺子舀一些混合面粉埋在塑料瓶底部周围。

6

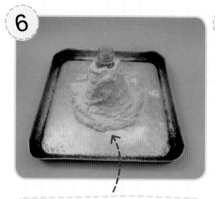

在塑料瓶周围加更多的混合物，把塑料瓶包起来，但要把瓶口部分露出来。

7

把火山弄得像喷发前的样子。它和一般的山峰类似，不过顶上有一个洞。

8

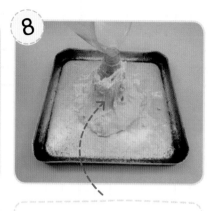

量杯里盛上热水，小心地倒进塑料瓶，到大致三分之二的高度。

9

滴一些食用色素及四滴洗手液到瓶子里。

再向里面加一大汤匙小苏打。

10

慢慢地向瓶里倒进醋，直到起泡。它即将喷发了！

11

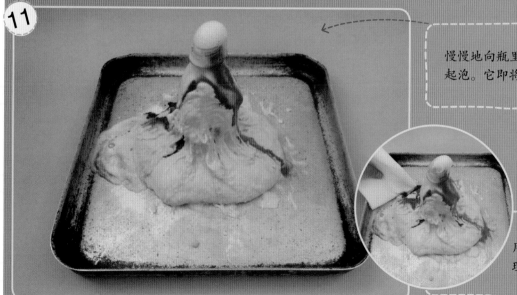

用厨房用纸清理一下台面。

魔术背后的奥秘

这个科学魔法秀可以证明真实的火山是如何喷发的：气体在里面蓄积直到喷发出来。你的火山气体是由醋和小苏打发生反应产生的。它们的反应会迅速产生二氧化碳。

用热水能够让喷发更有戏剧性，因为它会增加化学反应的强度。科学家把这种化学物称为催化剂。洗手液产生气泡，帮助制造"岩浆"。

身边的科学

一次剧烈的火山喷发会将岩浆、石头和火山灰抛到空中。科学家曾经观察到地表上超过 80km 的火山灰。

小贴士！

确保你在下水槽边或柜台上表演这个科学魔法，这样就不用太担心弄湿自己。在整个过程中，需要穿着围裙。

一旦火山平静下来，你可以通过加入一些小苏打，然后再加入醋的方式来触发又一次喷发。

会弹跳的鸡蛋

准备材料

- 1个生鸡蛋
- 醋
- 1个能容下两个鸡蛋的玻璃杯
- 2张餐巾纸
- 1个汤匙

好吃的煎蛋、煮鸡蛋、鸡蛋饼常出现在我们早餐餐桌上，不过你的早餐桌上有没有出现过——跳蛋？我们一起来试试做一个会弹跳的鸡蛋吧！虽然它并不能上你的早餐桌。

1

倾斜玻璃杯，把一个鸡蛋小心翼翼地放进去。

2

把杯子笔直地放好，并把醋倒进去，把杯子里的鸡蛋完全淹没。可以看到有气泡从蛋壳上冒出来。

3

把鸡蛋在玻璃杯里放4天，不过要定期观察记录蛋壳的变化，泡泡将会在蛋壳溶解后停止。

4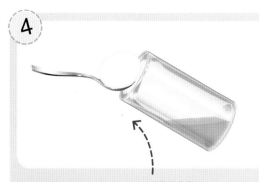

倾斜玻璃杯，用汤匙轻轻地把鸡蛋取出来。放到两张餐巾纸上擦干醋，它的壳会消失，换上光亮的外衣。

5

你可以小心翼翼地拿着鸡蛋，它不会爆掉。在离桌面5cm的地方松开手中的鸡蛋，看看鸡蛋能跳多高。你可以试试不同的高度，直到鸡蛋摔碎为止。

魔术背后的奥秘

你刚才用化学反应来表演了一个魔法秀——鸡蛋的蛋壳里含有钙，这个化学元素增加了它的硬度。你的骨头很硬，就是因为骨头中含有很多钙。

醋含有一种叫乙酸的物质，会与蛋壳上的钙发生化学反应。那些你看到的蛋壳上的泡泡，就是化学反应过程中产生的二氧化碳气体。和乙酸的化学反应消耗掉了蛋壳上所有的钙，白白的蛋膜（包裹蛋的透明柔软薄膜）就露了出来。

身边的科学

许多地下的岩石，像蛋壳一样，都是由碳酸钙构成的。当雨水渗透了岩石，岩石中的碳酸钙就溶解了，这是因为雨水中含有少量的酸。有时候水漫入洞穴，洞穴里的空气会逆转雨水中的酸溶解岩石中碳酸钙的过程。这样一来，钙和碳酸盐析出了，也就出现了我们常见的高耸的钟乳石和石笋。

如果这样会怎样？

把只有蛋膜包裹的鸡蛋放进另一个杯子里，装满水然后放进冰箱 24 小时。鸡蛋会变得更大，因为蛋膜不像蛋壳有防水的功能，它允许水通过，让鸡蛋"涨大"。

小贴士！

要找一个容易清洗的地方表演这个科学魔法秀。

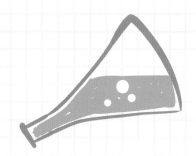

第六章

植物动起来

会走迷宫的植物

你听说过"导航灯"的说法吧？在这个科学魔法秀里，你会看到灯光指引一棵幼小的植物通过简单的迷宫。为什么它跟随灯光呢？因为……它饥饿！

准备材料

- 1 个空着的鞋盒
- 1 棵在盆里刚发芽的豆科植物
- 遮蔽胶带
- 1 把剪刀
- 1 把尺子
- 1 支铅笔
- 1 张扑克牌

1

将扑克牌放在鞋盒里较短一边中间，并用铅笔勾勒出轮廓。

2

沿着刚才所画的轮廓在鞋盒上剪出一个方洞。

3

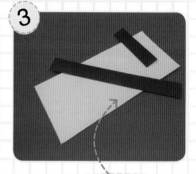

将空鞋盒盖的四边都剪下，得到它的顶盖，即一个大的四方形。

4

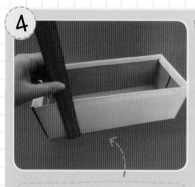

测量一下鞋盒的高度（从外边最底下到最上端接触鞋盒盖的地方）和宽度。写下你的测量数据。

5

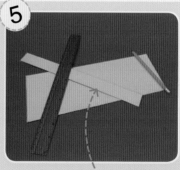

按照刚才的测量高度在鞋盒盖大四方形的两个短边标下记号，然后点对点将一小边剪下来。

6

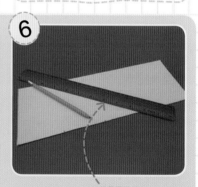

在剩下的这个四方形上，从一头按照刚才的测量宽度的一半作个记号。在另一头作下记号。

114

7

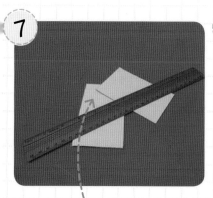

在记号的地方如图剪成两片四方形。这两个四方形高度和刚才的测量高度一致，而宽度恰为刚才测量宽度的一半。

8

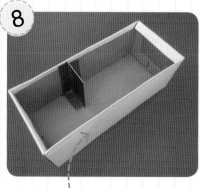

如图，将一片小四方形立起粘在底面长边三分之一处。

9

在另一个三分之一处，将另一片小四方形立起粘上。

10

将鞋盒侧竖起来，有方洞的一边向上，然后把植物放在底部。

11

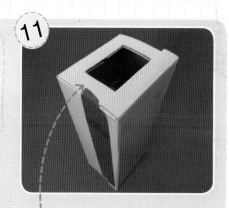

将鞋盒盖好，用更多的胶带将边沿完全粘好。然后将盒子放在靠窗的阳光地带。

5 天后，当植物探出鞋盒的方洞时，小心地移开胶带，打开鞋盒盖。你会发现植物以曲折锯齿状的线条绕过鞋盒中的两个半幅隔板，到达鞋盒方洞口处。

12

魔术背后的奥秘

这个科学魔法秀展示了植物趋光性的作用。植物趋光性（phototropism）一词来自两个希腊语词汇"光"（photo）和"运动"[movement（tropism）]，植物便是如此。它们长向有光源的地方，因为它们需要阳光（加上水分和热度）去制造养分。

植物的生长部位有一种叫生长素的化学物质，它帮助植物生长。光线消耗生长素，所以植物向光的部分长得不是特别快，而另一边背阴的部分因为生长较快导致植物弯向光源。

小贴士！

你可以将你的豆科植物移植到更大的盆里，或者移植在花园里。让自己的豆科植物长大！

如果这样会怎样？

你可以做一个科学假设。如果你将植物移出鞋盒，放在阳光的阳台上生长，接下来会发生什么？

身边的科学

有什么植物比一株向日葵更能证明植物的趋光性呢？有，那就是——一大片向日葵？向日葵巨大的黄花一整天都在追随太阳：早晨向着东方，中午向上，最后向西静观落日余晖。

爱喝水的芹菜

准备材料

- 1 根带着叶子的芹菜
- 1 个放大镜
- 蓝色食用色素
- 水
- 1 个干净的玻璃杯
- 1 把锋利的刀
- 1 把尺子

如果杯子里的水没有喝完，父母常常会让你把它喝光，毕竟浪费水可不是一个好孩子该做的事情，更何况我们的身体需要水。可是如果蔬菜没有把水喝光呢？我们可不可以要求蔬菜把水"喝光"呢？实际上，它"喝水"的速度可不比你慢哦。

1 在玻璃杯里倒半杯水，滴入五六滴蓝色食用色素。你需要将水变成深蓝色。

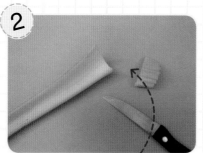

2 从芹菜茎底部（没叶子的一端）切下 3cm 长的一段。

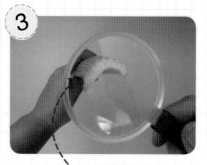

3 拿着根茎，用放大镜细看切口端，观察里面的管道。

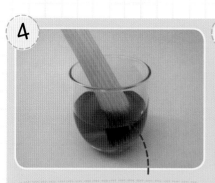

4 把芹菜竖在玻璃杯里，长叶子那端向上。放 4 小时。

5 把芹菜拿出来，查看它的颜色——它应该是带蓝色的。甚至叶子上都会带一点蓝色。

6 将芹菜茎切为三四段 3cm 长，用放大镜观察每一段里的管道。看看是否根茎里的每一条管道都变了颜色。

魔术背后的奥秘

你有机会直接观察到植物如何吸收它赖以生存的水。根茎里的管道叫导管，它们将水传输给整株植物，就像人用吸管吮吸或喝水一样。你可以通过改变的颜色看出它们和根茎的其他部分如何工作。

导管也传输植物根茎在土壤中吸收的营养矿物质和化学物质，就像刚才魔法秀中的食用色素和水混合在一起一样，这些物质混在水中。

小贴士！

确保请一位成人帮忙用锋利的刀切割根茎。

如果这样会怎样？

你可以继续挥动"魔棒"，改变白色康乃馨的颜色。试试将蓝色颜料放在玻璃杯里，红色颜料放在另一个杯子里，把康乃馨浸泡在不同的杯子里一整晚。第二天再把"正常的"白色康乃馨和它们放在一起，搞一个"红、白、蓝"色康乃馨展。

身边的科学

花农们运用一种食用色素改变他们卖的花朵的颜色。某种极为著名的兰花"神秘蓝"就得名于它所吸收的颜色。

假如味觉欺骗了你

准备材料

- 1 个苹果
- 1 个梨
- 1 把锋利的刀
- 香草精
- 2 个小盘子
- 1 个棉花球
- 2—3 个朋友
- 2—3 块蒙眼布

问题：什么时候苹果尝起来不像苹果？

回答：只有你的鼻子知道！

这个简单的魔法秀将会使你的朋友们怀疑自己的味蕾出了什么问题，你们会惊奇地发现原来味觉这么容易被欺骗。

1

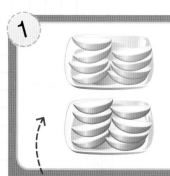

把苹果和梨各切成 8 片，分别放在两个盘子里，确认你自己能分辨出来。

2

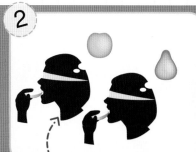

请朋友们排成一排，闭上眼睛（或者用布蒙住眼睛），每人尝一片水果，并请他们分辨是什么水果，当然他们都回答正确了。

3

给每个朋友一个滴了几滴香草精的棉花球。

4

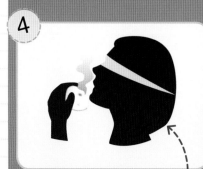

让大家把棉花球放到鼻子下面，并闭上眼睛。

5

在他们闻着香草精的同时，再给他们尝另一片水果，并分辨是什么，这下把他们都难住了！

魔术背后的奥秘

这个科学魔法秀展示了味觉和嗅觉的密切关系，舌头上特殊的传感器（被称为味蕾）能告诉大脑正在品尝食物的味道。但是味蕾只能分辨出五种基本味道：甜、酸、咸、苦、鲜（肉的味道）。其他味道就都要靠嗅觉来帮助了。在这个科学魔法秀中，香草精强烈的气味盖过了水果的气味。也许这就是小孩子在吃蔬菜时要捏着鼻子的原因。

小贴士！

请成人帮忙切水果。

身边的科学

有很多食物和饮料闻起来很棒，吃起来却不怎么样；有很多则闻起来很臭，吃起来却特别香。很多人喜欢闻新鲜的咖啡，但是不喜欢品尝。在亚洲，一种被称为榴梿的水果是不允许放在露天市场里的，因为它太难闻了，但是很多人说它吃起来很美味。

如果这样会怎样？

你还可以想出很多办法来欺骗你的味蕾，只要在吃一种很淡的食物的时候，闻一种刺激性的气味。比如在吃芹菜的时候闻洋葱的味道，感觉上就像在吃洋葱。

揭秘木乃伊

准备材料

- 1 个苹果
- 1 个去核器
- 1 个瓷碗
- 盐
- 1 个量杯
- 柠檬汁
- 1 个调羹
- 1 把削皮刀
- 1 把锋利的刀
- 1 支钢笔
- 1 个烤盘
- 1 个烤箱

你还在为准备万圣节派对的恐怖装扮而烦心吗？扮成木乃伊怎么样呢？带着干瘪的头去吓吓朋友们？不过话说回来，木乃伊到底为什么能不腐坏呢？也许答案就在一个苹果里面。

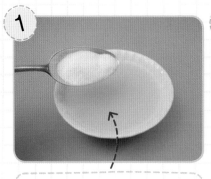

1 在碗里倒入 250ml 柠檬汁，并加入一勺盐。

2 苹果小心去皮，去核。

3 把苹果放入溶液中浸泡几分钟。

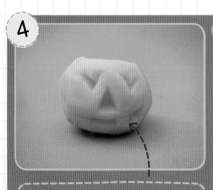

4 给苹果画上眼睛、鼻子和嘴巴，并请成人把它雕出来。

5 再次把苹果放进溶液中浸泡一会儿，取出苹果后连烤盘一起放入烤箱中，烤箱温度设定为 100℃。

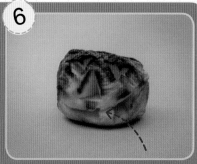

6 烘烤大约 30 分钟（或者等苹果干瘪了）——干瘪的木乃伊脸诞生啦（虽然它是苹果做的）！

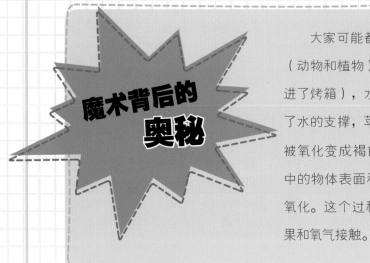

魔术背后的奥秘

大家可能都没有意识到，包括苹果在内的许多生物（动物和植物）都含有大量的水。水被加热后（比如放进了烤箱），水分就被蒸发了（变成了水蒸气），失去了水的支撑，苹果就干瘪了。柠檬汁的作用是防止苹果被氧化变成褐色。我们把暴露在空气中的物体表面和氧气反应的过程称为氧化。这个过程中的柠檬汁阻止了苹果和氧气接触。

如果这样会怎样？

你还可以用其他水果或蔬菜来进行类似的实验，并且和苹果的干瘪程度进行对比。

 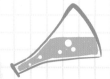

小贴士！

请成人帮忙使用削皮刀、去核器和烤箱。

身边的科学

古埃及人保存尸体的木乃伊和苹果干瘪的道理是一样的，也是缩了水的。埃及干热的气候就像这个科学魔法秀中的烤箱。

122

流口水的植物

流口水的植物，听起来是不是有点儿恶心，如果叫"极小的植物"是不是会好些？其实植物的口水远没有我们想象的恶心，不信我们一起来看看吧。

准备材料

- 1盆健康的家养植物
- 2个干净的三明治袋子
- 透明胶带
- 水

1

将一盆健康的家养植物放在一个充满阳光的地方，就比如一个洒满阳光的窗台。找出一根粗壮的茎，上面有巨大叶子的那种。

2

用一个三明治袋子罩住那片叶子（或那些叶子），并保证袋子口贴近那根茎，但又不让叶子被挤压到。

3

小心地用胶带将三明治袋子的口封上。你也不用把它封得太紧——一点点小缝隙也不会造成大碍。

4

两小时后，取下三明治袋子并仔细观察它。你会看到几滴水吸附在袋子的内部。

5

在同一片叶子上用一个新的袋子重复以上步骤。但你要先给植物浇一些水再离开。看看第二个袋子会不会"收集"到更多的水。

123

魔术背后的奥秘

这个科学魔法秀讲的植物是怎样从土壤中"汲取"水分，并把水分输送到它最外层叶子。在输送过程中，植物可以吸收溶解在水中的有益矿物质。这个过程叫作蒸腾作用。

当水分到达植物枝叶的最顶端时，那些水会从树叶微小的孔洞里蒸发出来。当然，更多的水是在输送过程中被植物吸收了。而且植物吸收的水越多，植物中输送水的速度越快。在这个科学魔法秀的最后一步，你可能已经注意到了植物的这个特点。

水

水

身边的科学

不是每一株植物都那么容易地失去水分。比如那些在沙漠中生存的植物，它们就不能通过蒸发浪费掉珍贵的水分。这就是为什么仙人掌类的植物和其他生活在沙漠中的植物都有如此小的叶子。叶子越小，"允许"被蒸发的水越少。

如果这样会怎样？

这个科学魔法秀不止适用于家养植物。试着用塑料袋套住不同种类的树的低矮枝叶，这样你可以看到它们蒸发出来的水。你也可以将不同品种的树蒸发出的水量进行比较，以了解它们蒸发作用的强弱。

比赛生长的世界

这是一个比赛生长的世界，虽然说弱肉强食可能有些残酷，但是竞争确实无处不在。就连我们觉得温顺平和的植物，也在为了争取更好的生长条件而努力。它们需要争取的是什么呢？你一定已经猜到了——光和水。快来看看这场关于生长的比赛吧！

准备材料

- 3 个茶杯
- 水
- 水芹种子
- 1 个茶匙
- 3 个棉花球

1

把 3 个棉花球放在每个茶杯的底部。

2

给每个茶杯的棉花球上撒上一茶匙的水芹种子。

3

给其中两杯倒入足够的水，但不要给第三杯加水。

4

把"干"的那杯和其中一个湿的杯子放在有阳光的阳台上，把剩下的一杯放进昏暗的橱柜里。

5

观察这些杯子 5 天，如果它们开始变干的话就加入一点点水使杯子变湿。

6

比较 3 个杯中水芹的生长结果。看看是不是有光有水的水芹长得最好。

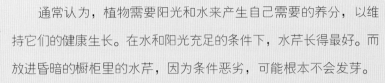

通常认为，植物需要阳光和水来产生自己需要的养分，以维持它们的健康生长。在水和阳光充足的条件下，水芹长得最好。而放进昏暗的橱柜里的水芹，因为条件恶劣，可能根本不会发芽。令人吃惊的是在昏暗环境下的水芹长得很高。这是因为它们要努力地寻找光来产生养分，虽然因为没有充足的阳光和水分，它们会变得枯黄，但是渴望生长的本能，还是让它们尽可能地去寻求阳光。植物在充足的光照和水分条件下，不仅会产生养料，还会产生叶绿素。

如果这样会怎样？

在这个关于生长的比赛中，有一个条件是不变的，那就是温度。你的3杯水芹都在相同的适宜它们生长的温度下进行这场生长比赛，但是如果你想看温度对于植物生长有多么重要，可以在光照和水分条件都一样的情况下，将一杯水芹放进寒冷的环境中，而其他的放在温暖的窗台上。结果会怎么样呢？

小贴士！

为了让你不把它们搞混，给杯子作标记是一个好主意。记住，不要用你妈妈最喜欢的杯子！

身边的科学

虽然植物需要水、阳光和温度去生长和保持健康，但它们对于这三者的需求程度却各有不同。思考一下，一株仙人掌需要多少水，或者怎样让花在一些寒冷的地方仍然可以存活。

植物的呼吸

上一个科学魔法秀，帮助我们思考了光照、水分和温度对植物生长的影响。除了这些，还有什么条件会影响植物的生长呢？是空气。空气中的一些气体（特别是二氧化碳）有利于植物吸收，并转化为其生长所需的养料。而我们呼吸所需要的氧气，在植物那里却是要被排掉的"废气"。来目睹植物呼吸的过程吧。

准备材料

- 2个口径约7—10cm宽的水杯
- 2片乔木或灌木的叶子（和杯口差不多大）
- 水
- 1个放大镜（也许你有侦探必备款）
- 采光好的窗台和深色橱柜

1

确保你选择的叶子大小差不多，测试每一片叶子，确保它在玻璃杯内不会弯曲。

2

在两个玻璃杯内装满水，然后把叶子放在每只玻璃杯的水面上。

3

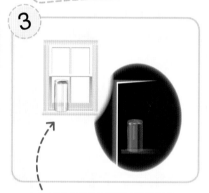

放一杯在采光好的窗台上，另一杯放在一个黑暗的橱柜里。

4

5

等待1小时，然后比较两个玻璃杯，仔细观察叶子边缘的气泡和玻璃杯上的气泡。试着用放大镜更近距离地观察微小的气泡。

把玻璃杯重新放回窗台和橱柜，再等1小时。看看是否有更多气泡。

魔术背后的奥秘

氧气

二氧化碳

水

你看到的气泡是氧气，植物通过光合作用（photosynthesis）吸收二氧化碳产生养分，并排除"废气"。光合作用这个词来自两个希腊单词，"photo"代表光，"synthesis"代表创造。这确切地表达了植物所做的事，它们依靠光来产生养分！

因为植物需要光来产生养分，所以一直在黑暗里的叶子不会产生太多养分，我们怎样知道呢？因为产生更多养分的同时会产生更多的废物。所以在刚才的科学魔法秀中，你可以看到放在窗台上的那个玻璃杯上有更多的气泡，因为它里面的叶子排出了更多的氧气。

身边的科学

在同一棵树上，处于不同位置的树叶，受光照情况不同。树冠上的叶子因为有更多的光照，通常比处在下方的叶子看起来更绿更健康（上方的叶子挡住了直射的阳光，下方的叶子只能吸收透过空隙照下来的阳光）。和刚才的科学魔法秀一样，你会发现树冠上的叶子会有更多的氧气泡。

如果这样会怎样？

如果你把一片叶子放在阳光下放了一个多小时，然后把它放在水里。你会看到很少的气泡，甚至没有，因为树叶可能已经死了。为什么呢？因为水。水不仅对植物制造养分很重要，而且对植物内部的养分传播也很重要。

会打嗝的塑料袋

准备材料

- 干酵母
- 温水（和洗澡水的水温差不多）
- 冷水
- 1 个汤匙
- 白糖
- 3 个可以封口的塑料袋

如果你有一个爱打嗝的同桌，是不是一件让人很头疼的事情呢？那你知不知道袋子其实也会打嗝呢？当然，下面这个让你看到塑料袋自己打嗝的科学魔法秀，也有会科学的"小手段"——一种叫作酵母的微生物。这个能让塑料袋打嗝的小东西可不简单哦，你几乎天天都要吃它做的食物呢！不信吗？那么我们一起来了解一下酵母吧。

1

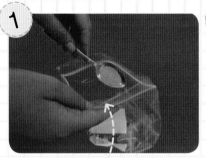

给 3 个塑料袋做好标记。在每个塑料袋里放一汤匙干酵母粉。

2

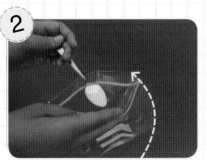

在 2 号、3 号塑料袋里各放一汤匙糖。

3

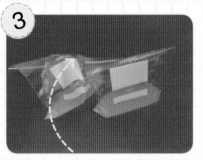

在 1 号、2 号塑料袋放入约 3cm 的冷水，并封住袋口。

4

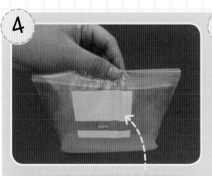

在 3 号塑料袋里放入 3cm 的温水，并封住袋口。

5

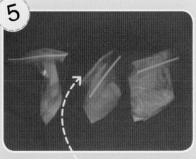

把 3 个塑料袋在窗台上排成一排。

6

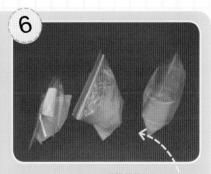

20 分钟后，观察 3 个塑料袋：1 号塑料袋几乎没有变化；2 号塑料袋里面会有一些泡沫，塑料袋本身会鼓起一点点；3 号塑料袋（有糖和温水的）变化最大。

酵母和人一样，是一种生物，它有生命，会吃会排泄，而气体就是它的"排泄物"。装在袋子里酵母是活的，不过它们都是"懒家伙"，只有在有好吃的（糖）的时候才会活跃起来。酵母的食物就是糖，它们吃糖的同时会产生二氧化碳作为"排泄物"，现在你知道为什么塑料袋会打嗝了吧。

这个科学魔法秀还告诉了我们一个科学"小秘密"，那就是：像其他许多小生物体一样，酵母存活需要适宜的温度，对酵母来说，这温度差不多就是你的洗澡水的温度。所以3号塑料袋被二氧化碳充得最满，因为它有酵母最喜欢的环境——充足的食物（糖）和理想的水温。

魔术背后的奥秘

小贴士!

要确定水温不要太热，对于洗澡水来说，"可以伸进手"是一个很棒的描述。

如果这样会怎样?

你可以把混合的温水、酵母粉和糖装在一个小汽水瓶里（类似于3号塑料袋），然后在瓶口准备一个气球，产生的二氧化碳会开始吹气球。

身边的科学

"吃打嗝的产物"是怎么回事呢？酵母是一个做面包的关键原料，想象一下你吃的面包上的小洞，那些是在生面团烘焙之前酵母产生的泡泡。当烘焙师说生面团"长大"时，他们是在描述酵母是如何产生气泡并把面包吹起来的。没有酵母，面包就不是松软的，而是坚硬的。

air pressure The constant pressing of air on everything it touches.
大气压：空气对浸在它里面的物体产生的压强。

amplify To make larger or greater.
放大（增强）：变得更大或更强。

buoyancy The ability of an object to float or rise in a liquid or gas.
浮力：液体和气体对浸在其中的物体有漂浮或者上升的托力。

catapult An ancient weapon for throwing heavy rocks or other objects.
石弩：古代一种能够投掷重型岩石或其他物体的武器。

centre of mass The point that has the mass of an object evenly distributed around it; also called the centre of gravity or balancing point.
质心：认为一个物体的质量集中于此的一个假想点，也被称为重心或平衡点。

chlorophyll A green substance that lets plants create food from carbon dioxide and water.
叶绿素：一种能让植物从二氧化碳和水中产生养分的绿色物质。

circuit The closed path that an electrical current follows.
电路：电流流经的闭合回路。

conduct To transmit heat or electricity.
传导：导热或者导电的行为。

density The amount of mass something has in relation to its volume（or space that it takes up）.
密度：每单位体积（或所占据的空间）内的质量。

electrolyte A substance that increases the ability of a liquid to carry an electrical charge.
电解质：能增加液体携带电荷能力的物质。

electron A negatively charged particle that forms part of an atom.
电子：带负电荷的基本粒子，是原子的组成部分。

element A substance that cannot be broken down into other substances using chemistry.
元素：一种物质，用一般的化学方法不能使之分解成更小的物质。

energy The power or ability to do work such as moving. Energy can be transferred from one object to another, but it cannot be destroyed.
能量：物理系统做功能力，比如移动能力，能量可以从一个物体转移到另一个，但它不能被摧毁。

force The strength of a particular energy at work.
力：工作中某一能量的强度。

frequency How often something occurs.
频率：（一定时间内）事情发生的次数。

friction The force that causes a moving object to slow down.
摩擦力：使运动着的物体慢下来的力。

fulcrum The support that balances a lever when it is working.
支点：杠杆平衡时的支撑点。

gravity The force that causes all objects to be attracted to each other.
万有引力：任何物体之间相互吸引的力。

ignite To catch fire or begin to burn.
点燃：使着火或开始燃烧。

insulation Material that prevents or slows the transfer of energy from one object to another.
绝缘体：阻止或减缓能量从一个物体传递到另一个物体的材料。

kinetic energy The energy of movement.
动能：物体运动时具有的能量。

lava Hot, melted rock that erupts from a volcano.
热熔岩：火山喷出的热熔化的岩石。

lever A simple machine for lifting which consists of a rigid beam pivoting on a hinge called a fulcrum.
杠杆：一种用于提升重物的简单机械装置，由一根可以绕着支点转动的刚性梁组成。

lubricant A material, often liquid, that reduces friction.
润滑剂：一种可以减少摩擦的材料，通常是液体。

magnetism A force, related to electrical currents, that creates an attraction between certain materials.
磁力：一种和电流相关的力，使特定的材料之间能产生吸引。

mass A measure of how much matter something contains.
质量：一个衡量物体所包含物质量多少的物理量。

molecule The smallest unit of a substance, such as oxygen, that has all the properties of that substance.
分子：能够保持物质所有属性的最小组成单元，比如氧。

photosynthesis The process that allows plants to use sunlight to change water and carbon dioxide into food for itself.
光合作用：植物利用太阳光把二氧化碳和水转变成自身养分的过程。

polymer A large molecule made up of many repeated smaller units.
聚合物：由许多重复的小分子组成的大分子。

potential energy The energy that is stored in an object, based on the object's position, a ball at the top of a hill has potential energy that can be converted to kinetic energy.
势能：物体基于所处位置而具有的能量，山顶上的一个球具有的势能可以转化成动能。（与前面"动能"相对应）

primary colours Groups of three basic colours, which can be combined to make a much wider range of colours.
三原色（三基色）：三个基本颜色一组，相互组合可以得到更多的颜色。

prism A clear, solid object that refracts light as it passes through so that it is broken up into the colours of the rainbow.
棱镜：一个透明固体，光线透过它的时候会被折射，分解成了彩虹的颜色。

proton A positively charged particle that forms part of an atom.
质子：带正电荷的基本粒子，是原子的组成部分。

radiation Waves of energy sent out by sources of light or heat.
辐射：光或热源以能量波的形式向外释放。

refract To cause waves（of light，heat or sound）to bend as they pass through a different material.
折射：波（光、热或声音）直线传播经过不同的材料时，会发生弯曲。

sound A vibration that passes through air, water or other materials and which the ear convers to recognizable impulses.
声音：由振动产生，通过空气、水或其他介质传播，并能被耳朵所感知的波动现象。

static electricity Electricity that is held or discharged（send off）by an object.
静电：物体带有的或者能够释放的电。

surface tension A force that binds molecules on the outer layer of a liquid together.
表面张力：使液体外层分子聚集在一起的力。

vacuum A space containing no matter.
真空：不包含任何物质的空间。

xylem Plant tissue that transports water and minerals from the roots up to all the other parts of the plant.
木质部：植物中将水分和矿物质从根部向上输送到其他部分的组织。

译后记

迷人有多种方式，比如"可怕""浪漫"……而一本迷人的科普读物，还应该激发孩子们动手实践的热情。科学思维源于恐惧、好奇和怀疑，但人类科学和技术上的每一点进步都来自大胆假设之后的小心求证。一本实用的科学实验手册是每个孩子和有孩子的家庭的必备书，如果这本书能同时提供实验背后的科学原理，再辅之以身边的科学情境就更理想了。

《唤醒大脑的科学魔法秀》就是这样一本书！于是，我们愉快地接受了翻译任务。我和女儿美诺邀请了复旦二附中的一批小伙伴，并迅速组建了一个亲子翻译团队——"旦旦译社"。

"旦旦译社"由九个复旦大学的教师家庭组成，以复旦二附中的九个孩子为主体。他们大多是预备年级的学生，虽然年龄不大，但已具备良好的英文基础，其中有五个孩子曾随父母在美国或英国生活读书一两年，在父母和老师的引导下，掌握了初步的翻译技能。最重要的是，他们都酷爱阅读，特别是"迷人的"科普读物，而且中英文都不在话下！在这个团队里，有复旦大学文史哲、经济、计算机、材料科学、生命科学专业的十几位老师，他们可以为孩子们的译稿把关。

译者是最认真的读者。翻译需要对原文心领神会，还需要对译文咬文嚼字。对于一本科学实验手册来说，还需要再加上动手实验。这是双重的实践！

这个手册提供的操作步骤相当清晰，材料简单易得，每一个实验都可以在家里完成，年龄稍小的孩子也可以在家长的协助下慢慢尝试。比如那个"掉不下来的叉子"魔法秀，当时家里找不到那种带小孔的盐罐子，我和美诺就用笔筒来代替，里面塞上一块塑料泡沫，把一支牙签扎在上面，另一支牙签撑起两只交叉的叉子，然后连在一起，真的成功啦！叉子居然在牙签头上转了好几圈！

当然，不是所有的实验都如此简单，也不是每一个实验都能成功，但有了这个操作手册，多试几次，略有变通，相信最后都能基本搞定。我和美诺特别喜欢"魔术背后的奥秘"和"身边的科学"小栏目，读过之后，再想想之前的小实验，真有茅塞顿开之感。比如那个"掉不下来的叉子"实验告诉我们，走钢丝的人手里总是拿着一个长长的杆子，因为这样很容易保持重心——原来如此！科学无处不在，有了这些提示，可以举一反三，引发进一步的观察和思考。

不过，有些科学原理过于复杂难解，非三言两语所能概括，似乎由于篇幅有限，作者不得不有所省略。比如第一个魔法秀，我和女儿在翻译过程中讨论了很多，仍有一些疑惑：为什么杯子翻过来以后，空气的体积会变大呢？"同样多的空气现在占了更多的空间"是怎么回事？呼吸时胸腔到底发生了什么变化？这一连串问题似乎都没有现成的答案。我们觉得没有把握，就把翻译好的初稿发给蒋梁婧的爸爸蒋老师（材料系），请他帮忙看看。

蒋老师认为，这个看似很简单的魔法秀，其实原理很复杂，涉及大气压、表面张力、重力、分子间力等。

哇，太复杂啦！经蒋老师一说，孩子们和我们这些家长（非专业读者——这本书的目标读者）都有点儿望而却步之感。正如张凌熹的妈妈所说："我猜，大概作者的主要目的是希望孩子们动手去做实验。毕竟这个年龄的孩子要理解这么复杂的理论还是有难度的。动手实验了，即使不明白为什么，至少有了一些概念，兴趣被激发出来，就可以进一步钻研了。"为了照顾读者的接受能力，以免小读者望而却步，浅显地分析魔法秀背后的原理，可以激发孩子们的怀疑精神，促进他们勇于提出问题，在今后的系统学习中不断探索。

关于翻译的具体分工：周天美诺翻译了目录页实验注意事项＋"倒不出来的水"等15个魔法秀；汪之原翻译了"不能相融的水"等16个魔法秀；董澳翻译了"CD中的彩虹"等6个魔法秀；张凌熹翻译了"表演杂技的吸管"等6个魔法秀；顾天行翻译了"会潜水的回形针"等5个魔法秀；蒋梁婧翻译了"假如味觉欺骗了你"等2个魔法秀；李雨萱翻译了"流口水的植物"等2个魔法秀；李子翀翻译了"比赛生长的世界"等2个魔法秀；韦一辰翻译了"会打嗝的塑料袋"等2个魔法秀；蒋梁婧的爸爸翻译了术语表，并对全书的物理化学概念进行审校；美诺的爸爸进行了全书整体统稿。

感谢中国国际广播出版社对"旦旦译社"的信任，让我们在翻译中分享了科学小实验带来的一个个惊喜，也体会到团队合作精神的重要。译稿提交之后，责任编辑笑学婧做了认真的修改和审校工作，纠正了译稿中的大量疏忽和错漏之处。特此致谢！同时，我们也诚挚地期盼广大读者在阅读和使用中，进一步批评指正。

《唤醒大脑的科学魔法秀》是"旦旦译社"的第一部作品，一次愉快而充实的团队合作，培养了科学实验精神，也加强了亲情和友情。在不远的将来，我们将继续努力，联手翻译出更多优秀作品，献给读者。让我们的世界因阅读而更加精彩、更加迷人。

王柏华

代表"旦旦译社"

2018. 4. 18

图书在版编目（CIP）数据

唤醒大脑的科学魔法秀 /（英）托马斯·卡纳著；旦旦译社译. —北京：中国国际广播出版社，2018.2

ISBN 978-7-5078-4175-6

Ⅰ.①唤… Ⅱ.①托…②旦… Ⅲ.①科学实验－少儿读物 Ⅳ.①N33-49

中国版本图书馆CIP数据核字（2017）第320167号

著作权合同登记号　图字01—2017—4092

Copyright text and illustrations © 2017 by Arcturus Holdings Limited, England
First published in English under the title Science Experiments to Blow Your Mind by Thomas Canavan
Simplified Chinese Translation Copyright © 2018 by China International Radio Press
All rights reserved
Translation rights have been negotiated through CA-LINK International LLC. (www.ca-link.com)

唤醒大脑的科学魔法秀

著　　者	［英］托马斯·卡纳
译　　者	旦旦译社
审　　校	蒋益明
策　　划	笑学婧
责任编辑	笑学婧
版式设计	国广设计室
责任校对	徐秀英

出版发行	中国国际广播出版社［010-83139469　010-83139489（传真）］
社　　址	北京市西城区天宁寺前街2号北院A座一层
	邮编：100055
网　　址	www.chirp.com.cn
经　　销	新华书店
印　　刷	环球东方（北京）印务有限公司

开　　本	889×1194　1/16
字　　数	100千字
印　　张	9
版　　次	2018 年 6 月　北京第一版
印　　次	2018 年 6 月　第一次印刷
定　　价	52.00 元